인문 고전으로 하는

아빠의 아이 공부

인문 고전으로 하는

아빠의
아이 공부

오승주 지음

글라이더

아들을 위해 무엇이라도 해야 한다는 절박함으로 읽은 책!

_주진우 <시사in> 기자

　나쁜 사람들에게 무상급식을 받게 하려고 삼만 리를 다녔다. 오늘도 재판이다. 나는 당연히 불량 가장, 불량 아빠였다. 어느새 훌쩍 커버린 아들을 볼 때마다, 대화가 이어지지 않는 우리를 마주할 때마다, 슬픔이 겹친다.

　아들이 바르게 커주기를 바라는 마음으로, 아들을 위해 무엇이라도 해야 한다는 절박함으로 이 책을 읽었다. 나는 이 책 저 책 가리지 않는 잡식성이지만, 이 책을 읽고부터는 고전이 읽고 싶어졌다. 고전은 크게 생각하게 해주었고, 나에 대해서 깊이 반성하게 해주었다. 지금보다 나은 아빠가 되겠다는 용기를 준 책이다.

인문 고전에서
'아이'라는 존재를 찾다

아이의 한마디가 준
깨달음

저는 두 아이의 아빠입니다. 귀한 아이가 태어난다는 건 어느 부모에게나 축복이지만 저에겐 더욱 각별합니다. 아이가 아니었다면 가정을 잃을 뻔했기 때문입니다. 첫째 아이가 네 살 때 저희 가족은 최악의 상황이었습니다. 지인과 만든 사업체는 적자가 쌓였고, 주말에도 집에 돌아가지 못했습니다. 집에 수입을 제대로 가져다주지 못하니 아이 엄마와 다투는 일이 잦았습니다. 저도 어떻게 갈피를 잡아야 할지 모르는 상황이었죠. 어느 주말 오후 사무실에서 잠시 집에 들렀습니다. 첫째가 시무룩한 표정으로 침대에 앉아 있었습니다. "민준아, 왜?" 하고 말을 걸었습니다. 네 살배기였던 아이는 힘겹게 말문을 열었습니다.

"아빠랑 놀고 싶은데, 아빠는 나가버려."

이 말을 듣는 순간 머릿속이 멍해지면서 백지가 된 기분이었습니다. 나에게 중요한 것은 무엇이고, 나는 무엇을 위해서 살아가고 있는지 스스로에게 질문했습니다. 그때 저는 처음으로 '가족'에 대해서 진지하게 생각하기 시작했습니다. 가족을 제 생활의 중심에 두고 주변을 정리했고 직업도 바꾸었지요. 서울 생활을 정리하고 제주로 귀향한 것도 그 즈음이었습니다. 큰 병에 걸린 사람이 회복되듯 우리 가족은 천천히 나아졌습니다. 집안일을 챙기고 아이와 노는 시간을 늘리고 가족이 원하는 것을 생각할수록 가족과 가까워지는 기분이 들었습니다.

아이가 이 말을 한 지 올해로 6년째입니다. 저는 지금도 위기의 아빠고, 위기는 아직 끝나지 않았습니다. 첫째 아이가 했던 말을 지인들이나 강연 현장에서 만나는 부모들에게 들려주었더니, 그들은 아이의 말만 중요한 게 아니고 아이의 말을 진지하게 받아들이는 부모의 자세 역시 중요하다고 말했습니다. 아이를 인문학적인 관점으로 바라보아야겠다는 생각은 그때 처음으로 했습니다. 첫째 아이가 했던 말은 동양 경전 『대학』의 '수신제가치국평천하修身齊家治國平天下'의 철학으로 해석할 수 있습니다.

"예부터 눈부신 덕德을 온 세상에 선사한 인물들은 먼저 자기 나라를 제대로 다스리는 데 힘썼다. 나라를 잘 다스리려면 집안을 잘 살피지 않으면 안 된다. 집안을 잘 살피려면 사소한 몸가짐을 돌아보아야 한다."(『대학』)

『대학』과 형제처럼 닮은 『중용』도 비슷한 논리를 보여줍니다.

"배우기를 좋아하는 '지知', 힘써 실천하는 '인仁', 부끄러워할 줄 아는 '용勇' 세 가지를 안다면 몸을 바르게 할 수 있고, 몸을 바르게 할 줄 알면 다른 사람을 다스릴 수 있고, 다른 사람을 다스릴 수 있다면 나라와 세계 경영을 수월하게 할 수 있다."(『중용』)

저처럼 위태로운 가장이었던 아빠들은 예외 없이 '수신제가'의 문제를 가지고 있죠. 아빠는 집에 돈만 갖다 주면 된다는 생각으로 '치국평천하'를 하면 '수신제가'는 자동으로 될 줄 알았는데, 대단한 착각이었습니다. 실제로는 그 반대로 작동하죠. 『대학』을 여러 번 읽으면서도 '수신제가'를 제대로 이해하지 못했어요. 가정의 위기를 겪고 나서야 이것이 진리임을 깨달았습니다.

정성을 다해 아이의 말을 경청하고
인문 고전을 읽다

『대학』과 『중용』은 '수신제가'만 닮은 게 아니라 '성誠'이라는 중요한 개념을 공유하고 있다는 점에서도 닮았습니다.

『대학』에서는 "정성이 마음 깊이 담겨 있다면 밖에서도 환히 보인다"고 말했고, 『중용』에서는 "정성은 존재의 A~Z이니 정성이 없다면 존재도 없다"고 강조하고 있습니다.

"자신이 먼저 갖춘 후에 남에게 요구하고, 자신이 먼저 비워낸 후에야 남의 잘못을 따져라"(『대학』)라는 말이 많은 것을 말해줍니다. 이것이 바로 '충서忠恕'의 정신입니다. '충忠'은 마음을 하나로 모아(中) 정성스레 다가가는 것이고, '서恕'는 상대와 마음이 같아지게(如) 만드는 것입니다.

우리 부모들은 아이를 키울 때 책을 많이 읽어 '책 육아'라는 말도 있습니다만, 어떤 책을 읽는가가 중요합니다. 육아서를 처음 읽을 때는 매우 설득력 있고, 책에 적혀 있는 대로만 하면 아이를 잘 키울 수 있을 것 같지만 지속적이지 않습니다. 육아서가 아이 키우는 데 큰 도움이 되지 못하는 까닭은 '아이'라는 존재가 육아서로는 도저히 담을 수 없을 만큼 깊고 넓기 때문입니다. 아이는 인문학의 눈으로 보아야만 제대로 볼 수 있는 존재입니다. 아이의 말을 진지하게 곱씹으며 들으면, 사소하지만 큰 뜻을 가지고 있습니다. 인문 고전을 읽듯이 아이를 읽는다면 자녀 교육의 새로운 지평이 열립니다. **아이가 곧 인문학입니다.**

아이가 인문학의 대상이라면, 인문 고전이라는 거울로 아이를 바라보면 어떨까요? 자녀 교육과 전혀 상관 없을 것 같은 인문 고전이 사실은 아이의 비밀을 들여다볼 수 있게 하는 핵심적인 열쇠라면요? 저는 아이와 있었던 일과 아이의 말을 인문 고전의 많은 책의 구절과 대조하며 성찰했습니다. 육아서나 심리학서로 볼 때는 보이지 않았던 아이의 진짜 모습이 보였습니다. 아이와 인문 고전의 연결이야말로 상상력을 자극했습니다.

사정이 이와 같다면 다음과 같은 결론이 가능합니다. 아이를 키울 때 육아서를 열 권 읽는 것보다는 자신에게 맞는 인문 고전을 한 권 들고 다니면서 여러 번 읽는 것이 훨씬 낫습니다. 부모가 낳고 기르는 아이는 인간입니다. 인간에 대한 깊이 있는 성찰이 담겨 있는 인문 고전은 아이라는 인간에 대해서 이해할 수 있는 인식의 틀을 제공해줍니다. 육아서와 아동심리학서는 아이의 몸과 마음의 일부를 이해할 수 있게 해주지만, 아이라는 존재를 온전히 이해할 수 있게 해주지는 못합니다. 이 말을 믿지 못하겠다면 평소 즐겨 읽던 인문 고전 한 권을 선택해서 아이를 생각하며 읽어보세요. 어떤 책이든 효과가 있을 것입니다.

부모의 고정관념을
깨뜨리는 곳에서 아이가 숨 쉰다

육아는 관념이 아닌데, 부모는 관념에 의존하며 아이를 키웁니다. 그것마저도 그릇된 관념인 경우가 많습니다. 그릇된 관념을 건드려주지 않으면 아이와 제대로 된 관계를 만들지 못합니다.

인문 고전으로 하는 육아는 관념을 깨는 육아입니다. 스피노자의 용기를 빌려서 그릇된 관념을 깨뜨리고 부모로서 새롭게 거듭날 수 있다면, 아리스토텔레스가 말하는 좋은 사람, 좋은 부모에 도달할 수 있다고 생각합니다.

"실천적 지혜 없이는 좋은 사람이 될 수 없고, 성격적 탁월성

없이는 실천적 지혜를 가진 사람이 될 수 없다."(『니코마코스 윤리학』)

실천적 지혜는 자신의 생각이 수없이 허물어져야 생겨납니다. 인간은 유년 시절의 경험을 종잣돈 삼아 성인기를 살아갑니다. 유년 시절의 대부분은 부모님과 했던 대화나 경험으로 채워집니다. 만약 부모가 그릇된 관념과 그릇된 신념으로 아이를 키웠다면 아이는 어떤 어른이 될까요? 제가 만난 어른 중에는 부모가 된 후에도 아이를 어떻게 대해야 하는지 모르는 이들이 많았습니다. 어릴 적 부모로부터 제대로 된 사랑과 관심을 받지 못했기 때문에 아이에게도 제대로된 사랑을 주지 못하는 것입니다. 불안정한 유년기를 보냈던 부모에게 아이는 두 번째로 찾아온 기회입니다. 조금은 낯설지만 아이를 사랑하고 애착관계를 형성하려고 애를 쓰면 그 아이는 훌륭한 부모가 될 것이고, 아이는 더욱 안정적으로 성장할 것입니다. 가정에서의 이와 같은 진전은 사회에 직접적으로 영향을 미칠 것입니다.

불행히도 우리 사회는 '다른 생각'에 매우 취약합니다. 다른 생각은 대화를 통해서 조정해야 하는데, 물리적인 진압이나 제거를 통해서 해결하는 일도 종종 일어납니다. 뜻대로 되지 않으면 아이들은 부모에게 불만을 제기하고 자연스럽게 대화의 계기가 생깁니다. 하지만 대화 방법을 제대로 배우지 못한 어른들은 아이를 억누르려고 하기 때문에 부모와 자식의 소통은 요원해집니다.

'모든 교육의 기본은 가정에서 이루어진다'는 말은 변하지 않는 진리입니다. 아이들과 생활하고 공부하면서 고민했던 이야기와 인문 고전의 메시지를 갈마들어 살펴보면 적지 않은 고정관념을 발견할 수 있을 것입니다. 고정관념을 깨뜨리고 아이에게 다가가면 아이와의 소통은 그만큼 수월해질 것입니다.

아빠의 귀환을
기다리며

심리학서와 인문 고전을 분석하면서 얻은 결론은 '아빠 육아'의 놀라운 효과입니다. 엄마는 아이의 생명과 안전을 지키지만 아빠는 아이를 자극하고 나아가게 합니다. 아빠가 육아를 하거나 아이와 놀이를 하거나 아이를 교육시켰을 때, 효과가 매우 크다는 것은 수차례의 연구를 통해서 밝혀진 사실입니다. 하지만 일상에서 아빠는 아이에게 접근하기를 꺼려하거나 접근이 제한돼 있습니다. 이런 고민으로 이 책을 쓰게 됐습니다.

이 책 안에 있는 인문 고전에는 많은 아버지들이 등장합니다. 아이에게 존경 받는 아버지, 아이에게 미움 받는 아버지, 아이를 버린 아버지. 그들 중 아버지로서 고민하지 않은 이는 없었습니다. 누구나 좋은 아버지가 될 수는 있지만, 처음부터 좋은 아버지일 수는 없습니다. 우리 아버지들에게 필요한 것은 자신감입니다. 저는 아이들과 오랜 시간을 가지며 대화하고, 집안일을 주도하고, 이 책을 쓰면서 아버지로서의 자신감을 찾을 수 있었습니다. 많은 아버지들이 이 책을 읽고 자신감을 찾아 좋은 아버지에 한 걸음 다가

서기를 바랍니다.

4년 전 『논어』에서 아빠 육아의 지혜를 얻으려는 취지로 시작된 출간 작업이 표류하다, 작가로서 이제 그만 포기하고 생활인으로 돌아가야겠다고 단념하려던 순간 글라이더 출판사의 박정화 대표님과 인연이 되었습니다. 대표님은 『논어』로 한정하지 말고 제가 읽었던 인문 고전으로 넓혀서 찾아보자고 제안해 주셨습니다. 그리하여 동서양 고전으로 육아의 지혜를 엿보려는 시도를 할 수 있었죠. 좋은 계기를 마련해주신 대표님과 책을 쓴다는 것에 대해서 깊이 생각할 수 있게 해준 편집장님께 여는 글을 빌어 깊은 감사를 표합니다.

이 책의 저본이 되어준 두 아들 민준, 민서는 공저자와 같습니다. 민준이의 한마디가 이 책을 추진하는 동력이 되었고, 재담꾼 민서와의 엉뚱하고 창의적인 행동들은 이 책을 더욱 풍부하게 해주었습니다. 그리고 사랑하는 아내 이은주 씨, 나를 행동으로 지지해주어서 고맙습니다. 찬란한 내일과 함께 이제 제가 보답할 차례입니다.

2017년 찬란한 가을에
오승주

아빠가 된다는 것

아이에게
다가가기

3장 우리 아이 낯설게 보기

4장 아이 행동 변화시키기

5장 우리 아이 사회에 내보내기

인문 고전으로 하는

아빠의 아이 공부

1

아빠가
된다는
것

1
좋은 아빠가 되려면
어떻게 해야 하나요?

"아버지, 제발 왜, 제가 아버지를 사랑해야 하는지 말씀해주세요."
_『까라마조프 씨네 형제들』(표도르 도스또예프스끼, 열린책들)

좋은 아빠가 되기 위해
나쁜 아빠를 배우다

공부방을 하는 몇 년간 가장 관심을 갖고 지켜봤던 주제는 '아버지'였습니다. 부끄러운 이야기지만 저는 가족 문제 중에서 아버지에 관한 주제를 뒤로 미뤄왔습니다. 어떻게 접근해야 할지 갈피를 잡지 못했기 때문입니다. 어느 날 이 주제가 저에게 강력하게 요구했습니다. 마땅히 가장 중요한 문제로 삼아야 한다고. 많은 아이들과 아버지들이 아버지에 대한 생각을 완성하는 데 힘을 주었습니다. 저를 가장 아프게 했던 아이들, 안 좋게 헤어졌던 아이들은 아버지와 연관이 있었습니다. 자살 소동을 벌이며 저를 충격에 빠뜨린 아이도, 제가 어떤 행동을 하든 저를 증오하던 아이도, 자기 자신을 포함해 세상 전체가 쓰레기라고 공공연하게 불평하던 아이도 아버지의 빈자리가 짙게 배어 있었죠. 좋은 아버지를 둔 아이의 경우는 별로 티가 나지 않지만, 아버지의 빈자리만큼은 보지 않으려고 해도 보입니다.

한 장난꾸러기 남자아이는 저를 무척이나 힘들게 했습니다. 수업 시간에 일부러 소리를 지르기도 하고, 제가 화낼 만한 행동을 아무렇지도 않게 했죠. 그중 한 아이의 아버지는 아이의 출석을 매일 체크했고, 선생님께 나쁜 짓을 할 때면 언제든 연락해달라고 요청했습니다. 저는 그 아이가 아빠에게 혼날까 봐 연락하지 않았습니다. 몇 번이나 아이 아빠에게 전화하고 싶은 때가 있었고 전화기를 들기도 했지만 그만뒀죠. 하루는 수업 중에 도망친 녀석을 잡아오다가 아이의 아빠를 만난 적이 있습니다. 아버지는 아이를 데리고 가버렸습니다. 무슨 일이 있었는지 궁금했습니다. 그날 저녁 문구점에 들렀다가 그 아이를 만났습니다. 장난감을 고르고 있다가 저를 보고 밝게 웃으며 인사를 했습니다. 집에서 아빠에게 혼났다면 이런 표정을 지을 수 없었을 텐데 신기했습니다. 잠시 후 진열대 옆으로 아이의 아버지가 걸어오시더니 역시 밝은 표정으로 인사를 하셨습니다. 그러더니 다정한 목소리로 "너 이거 사주면 당분간 장난감 없다"고 말씀하셨습니다. 다정한 아버지 앞에서 장난꾸러기 아이는 순한 양이 되어 있었습니다. 이 일로 인해서 저는 장난꾸러기 아이 아빠에 대한 오해를 풀 수가 있었고, 아이에게 어떻게 접근해야 하는지도 잘 알았습니다.

저는 장난꾸러기 아이 아빠의 지속적인 관심을 집요한 감시로 오해했고, 권위 있는 아빠의 존재감을 독재자의 패기로 오해했고, 아이에 대한 애정과 신뢰가 담긴 훈육을 가혹한 체벌로 오해했습니다. 실제로 그것은 아버지가 아니라 제가 장난꾸러기 아이에게 했던 행동이었습니다. 조금만 다듬으면 천사처럼 행동할 수 있는 아이였다는 사실을 제가 믿지 않았던 것입니다. 아버지를 통해 제가 잘못했던 점을 바로잡자 효과가 바로 나타났습니다. 장난꾸러기 아이는 저에게도 순한 양이 되었습니다.

현실에서 아버지끼리 서로 만날 기회는 많지 않습니다. 더욱이 가족 문제에 대한 진지한 고민을 공유할 수 있는 대화 상대로서의 아버지는 더욱 드물죠. 저 역시 놀이 수업과 가족 특강 현장을 다니며 아버지들을 만나려고 노력했지만 만날 수 없었습니다. 대신 어머니들을 많이 만났죠. 예전에는 현장에서 아버지들을 만나기 위해 별별 수단을 다 동원했지만, 이제는 더 이상 애쓰지 않습니다. 스스로가 좋은 아버지가 되려는 목표를 가지고 진지하게 아이를 만나고, 그 이야기를 발제 삼아 고민을 공유하는 게 좋겠다고 생각했습니다. 『까라마조프 씨네 형제들』은 좋은 아버지가 되려는 사람이 좋은 아버지를 찾아 나서는 마음을 담았습니다.

요즘은 아버지의 존재가 점점 사라지고 있습니다. 이름에는 혈족을 나타내는 성씨와 자신의 이름이 더해졌을 뿐 아버지의 흔적은 없죠. 아이의 교육에 있어서도 아버지는 자의와 타의에 의해서 점점 거리를 두고 있죠. '아버지는 돈 벌어 오는 기계'라는 오래된 생각은 부정된 적이 없습니다. '좋은 아빠가 되기 위해서는 어떻게 해야 하는가'라는 질문에 대답하기 위해서는 '나쁜 아빠'에 대해서 먼저 고민해야 합니다. A.매슬로가 "창의력 있는 사람을 만드는 방법이 무엇인지 묻는 대신, 어떤 요소가 창의력을 말살하는지를 먼저 물어야 한다"고 했듯이, 나쁜 아빠의 요소를 제거하면 자연스럽게 좋은 아빠로 가는 길에 들어설 수 있으니까요.

아버지와 아이들에 대한
다양한 이야기

저는 대학 시절 표도르 도스또예프스끼(Fyodor Dostoevskii, 1821~1881)의 소설에 심취했습니다. 그가 진실을 드러내는 방식이 맘에 들었거든요. 밝고 즐겁고 아름다운 것에만 집착하다 보면 진실의 반쪽만을 알게 되는데, 도스또예프스끼는 진실의 나머지 반쪽을 담당하는 소설가임을 자처합니다. 『까라마조프 씨네 형제들』역시 살인, 모함, 간음 등 어두운 소재가 많은 '법정 스릴러물'이죠. 작가는 "법정의 기록은 어느 누구의 소설보다도 스릴이 풍부하다. 왜냐하면 예술이 손을 대기 꺼려하거나, 또는 겉으로밖에 손을 대지 않는 인간 영혼의 암흑면에 빛을 던져 밝혀주는 것이 바로 그러한 기록이기 때문이다"라고 말했죠.

'까라마조프(Karamazov)'란 '검다'를 의미하는 중앙아시아어인 '하라(hara)'와 '바르다'를 의미하는 러시아어 '마자찌(mazat)'를 결합한 말이라고 합니다. 어둠과 악으로 뒤범벅된 사람들을 지칭하죠.

『까라마조프 씨네 형제들』은 '친부 살해'라는 주제를 다루고 있죠. 친부 살해는 인간이 저지를 수 있는 최악의 패륜인 동시에 자기 존재의 부정에 이르는 범죄입니다. 작가는 친부 살해 혐의로 옴스끄 감옥에서 함께 유형 생활을 했던 또볼스끄 출신 육군 소위 일린스끼의 실화에 기초해서 이 작품을 썼다고 했습니다. 오랜 유형 생활 끝에 일린스끼 소위가 석방되고 나중에 진범이 체포되어 그의 무죄가 입증되었죠. 도스또예프스끼는 일린스끼 형사 사건을 극적이고 충격적인 이야기로 승화시키기 위해서 오랫동안 작품화를 모색했습니다. 작품을 쓰면서 작가는 주위의 인맥을 총동원해 가족에 관한 아주 사소한 이야기의 꼬투리라도 보내달라고 요청했습니다. '가족'이라는 주제를 본격적으로 다루겠노라고 선언한 셈이죠. 이러한 사정 때문에 『까라마조프 씨네 형제들』에는 까라마조프 일가의 사건 외에도 아버지와 아들에 대한 다양한 에피소드가 있습니다.

우리는 한평생, 앞으로 20년 동안은 다시 만나지 못하더라도 오늘 우리 손으로 묻은 그 불쌍한 소년을 잊지 말기로 합시다. 모두 잘 기억하겠지만, 예전에 우리는 그 소년에게 돌을 던졌지만, 바로 저 다리 옆에서 말이죠. 하지만, 그 뒤로 우리는 모두 그를 사랑하게 되었죠. 그 애는 착하고 용감한 소년이었어요. 그 소년은 또한 아버지의 명예를 아주 소중하게 생각했지요. 그래서 그 소년은 자신의 명예를 위해서, 아버지의 치욕을 씻기 위해서 분연히 맞섰던 겁니다.

– 『까라마조프 씨네 형제들』

막내 알료샤가 애도한 소년 일류샤는 작가가 발견한 병을 치유하는 해독제 역할을 합니다. 일류샤는 가난한 퇴역 대위 스네기료프의 어린 아들로 병약해서 침대에 누워 있지만, 내면은 건강하고 밝죠. 그 아이는 아버지를 모욕하는 어른들과 자신을 따돌리는 학급의 친구들에게 당당히 맞서기도 했습니다. 일류샤는 이 모든 과정을 지켜봤기에 올바르게 평가할 수 있었죠. 알료샤의 많은 노력에 힘입어 학급의 친구들은 일류샤에게 진심으로 사과합니다.

아버지인 표도르 파블로비치 까라마조프는 18세기 말에서 19세기 초에 이르는 러시아 지주 계급의 전형적인 인물로, 당시 지주 계급들은 프랑스의 계몽철학과 무신론의 영향을 받았습니다. 하지만 수박 겉핥기 식으로 받아들였기 때문에 지극히 부정적이고 냉소적인 인생관을 지니게 되었습니다. 결국 인생의 유일한 목적은 육체적 쾌락이라고 보고, 재산을 모으는 데만 눈이 멀어 있었죠. 그는 세 명의 여성에게 네 아들을 얻었으나 아내도 아이도 팽개치고 오로지 음탕한 짓만 일삼았습니다. 본인 스스로도 아들 알료사에게 "내가 죽었을 때 악마들이 나를 갈고리로 끌고 가는 광경을 잊고 지낸다는 건 불가능하다고 생각한다"고 고백했을 정도입니다.

저는 아버지인 파블로비치와 그의 두 번째 하인이자 넷째 아들인 스메르쟈꼬프에 주목하고 싶습니다. 둘째 형인 이반의 교사를 받고 실제 범행을 저지르는 스메르쟈꼬프는 자신을 낳자마자 죽은 백치 어머니와 자신의 탄생에 무관심한 아버지에게 버려지는 저주받은 존재죠. 홍길동처럼 아버지를 아버지라 부르지 못하고 주인님이라 불러야 하는 이 젊은 요리사는 도스또예프스끼가 만든 인물 중에서 가장 잔인하고 혐오스럽고, 저를 가슴 아프게 했습니다. 단 한 줄기의 사랑도 받지 못하고 자라난 이 청년은 스스로를 사랑할 줄 모릅니다. 아버지로부터는 사악함, 탐욕, 색욕을 물려받았고 아버지를 죽이고 싶어 합니다. 이반에게 사상적으로 세뇌될 정도로 '자아'가 견고하지 못해 타인에게 의존해야 하고, 저급한 웃음을 주면서 남을 만족시켜야 하는 처지라는 점에서 아버지 파블로비치와 같죠.

파블로비치 역시 고약한 냄새를 풍기는 기다란 웅덩이를 가로지르는 다리 아래서 잠들어 있는 스메르쟈꼬프의 어머니를 '여자로 다루는 놀이'에 희생양으로 삼았던 어릿광대였죠. 스메르쟈꼬프의 어머니 리자베따는 이 일 이후 임신했다는 소문이 퍼지고, 만삭 즈음에 파블로비치의 높고 견고한 정원 울타리를 맨몸으로 넘어 아기를 낳았습니다. 위험천만한 방법으로 아기를 낳은 리자베따는 이튿날 새벽에 죽고 맙니다. 사생아 스메르쟈꼬프는 아버지를 닮아서 자신만의 논리, 비굴한 화법, 어떤 악행도 정당화시킬 수 있는 변론술을 갖춘 도덕적 괴물로 성장합니다.

아이들은 일류샤의 길을 걸어갈 수도 있고, 스메르쟈꼬프의 길을 걸어갈 수도 있습니다. 그 선택에 큰 영향을 미치는 사람은 물론 아버지입니다.

모든 이들의
아버지

"아버지는 방황하시고, 어머니는 고생하시고" 이 두 마디가 부모님에 대한 저의 인상입니다. 아버지들은 저 먼 곳 어딘가를 바라보면서 나아가지만, 그곳이 어디인지는 모른 채 가족으로부터 멀어지고 있는 것만은 분명합니다. 저도 그 방향으로 나아갔었죠. 아버지들은 자신이 어디로 향하고 있는지 되돌아볼 필요가 있습니다. 저는 그곳이 아무리 찬란하고 아름답다 하더라도 가족과 아이로부터 멀어진다면 뜬구름일 뿐이라는 사실을 깨달았습니다. 『까라마조프 씨네 형제들』의 시민 재판에서 변호사의 최후 변론은 세상의 모든 아버지들을 법정에 세운 것 같습니다.

나는 단순히 이 법정에 모인 아버지들만을 아버지라고 생각하지 않습니다. 모든 아버지를 향해 외치는 것입니다. 〈아버지들이여, 그 자식을 노엽게 하지 말지어다!〉 하고 말입니다. 우리는 먼저 그리스도의 말씀을 실행한 후에 비로소 자식 된 도리를 물을 수 있는 것입니다! 그렇지 않으면 우린 아버지가 아니라 반대로 우리 자식들의 적인 것입니다. 또 자식은 자식이 아니라 우리의 적인 것입니다. 우리들 자신이 자식들을 적으로 생각하는 것입니다. 〈너희가 남을 가늠하듯이, 남도 너희를 가늠하리라!〉

－『까라마조프 씨네 형제들』

아이가 어릴 때는 아버지가 잘못해도 가만히 있습니다. 하지만 아이가 조금 더 자라 자기 의견을 말할 수 있게 되면, 아이는 아버지의 잘못에 대해서 무섭게 심판합니다. 아이에게 심판당하지 않는 아버지가 되기란 무척 어렵습니다.

아버지가 없거나, 아버지의 사랑을 듬뿍 받을 수 없는 아이가 옆에 있다면 제가 아버지 역할을 할 수 있을까요? 진짜 아버지만큼은 아니더라도 정성은 다할 수 있을 것입니다. 그런 '아버지 노릇'은 타당한 것일까요? 심리학자들은 '아이는 인생에서 자신을 지지해주고 응원해주고 손 내밀어주는 단 한 사람만 있어도 잘못된 길로 나가지 않는다'는 사실을 실험을 통해 입증했습니다. 그 대상은 부모, 삼촌, 옆집 아저씨나 동네 아줌마 등으로 한정을 짓지 않았죠. 그러니까 누구나 자신의 손길이 닿는 아이에게 아버지처럼 다정하게 대해야 할 의무와 책임이 있다고 할 수 있습니다. 흥미롭게도 이것이 바로 '좋은 아빠'가 되는 지름길입니다. 다양한 아이들에게 정성을 다하다 보면 자기 아이에게서 놓친 점을 발견할 수 있으니까요.

내 아이에게 잘하고 나서 남의 아이를 돌보려고 하면 둘 다 잘할 수 없습니다. 우리가 '모든 아이의 아버지'라는 태도를 갖지 않는 한 내 아이에게서도 좋은 아버지 노릇을 제대로 할 수 없습니다. 저는 이것이 우리 세대의 아버지들 앞에 놓인 과제라고 생각합니다.

♥♥♥ ────────────────

Q : 좋은 아빠인지 아닌지 알아볼 수 있는 방법이 있을까요?

A : 걱정하지 마세요. 좋은 아빠가 되고자 한다면, 이미 좋은 아빠의 길에 서 있는 것입니다. 아이와 가족의 표정. 집안의 공기, 아이의 사랑 표현이 증거입니다. 부족하다면 채우면 그만입니다. 자신이 좋은 아빠인지 고민하는 것만으로도 좋은 아빠로서의 가능성은 충분합니다. 좋은 아빠의 그릇이 충분히 채워지면 아이는 천사의 사랑으로 화답할 것입니다.

"내가 죽으면 우리 아빠가 울 테니 꼭 우리 아빠 곁에 있어줘!"라고 유언했던 일류샤처럼.

2

아빠의 무관심이
아이에게 도움이 될까요?

"비어야 그릇이 되고, 비어야 방이 된다."
_『노자의 목소리로 듣는 도덕경』(최진석, 소나무)

관심과
간섭의 차이

공부를 잘하고 성실하고 말을 잘 듣는 한 학생이 있었습니다. 다만 공감 능력이 부족했습니다. 슬픈 시를 읽어도 웃긴 동화책을 읽어도 감정 반응이 없었습니다. 아이의 감정을 이끌어내기 위해서 노력했지만 역부족이었습니다. 하지만 엄마에게는 한없이 착하고 공부 잘하는 아들이었죠. 아이의 엄마와 아빠가 공부방에 몇 번 들른 적이 있었는데 아이의 반응이 무척 달랐습니다. 엄마에게는 사랑스러운 눈빛으로 학교에서 있었던 일을 말하는 반면, 아빠에게는 차가웠습니다. 아이에게는 동생들이 있었습니다. 본의 아니게 아이의 온가족이 제 공부방과 관계를 맺게 된 셈이었죠.

아이의 아버지는 안타까워했습니다. 동생들을 무시하고 야단치면서 형다운 모습을 보이지 않았기 때문입니다. 명절이 가까운 어느 날 아버지가 과일 한 상자를 들고 방문했을 때를 잊을 수가 없습니다. 공교롭게도 그 아이가 공부방에 있다가 아빠를 보았습니다. 아이는 아빠를 차갑게 쳐다보며 귀찮다는 반응을 보였습니다. 저는 너무나도 화가 나서 혼내려고 했지만 아버지가 눈치를 주었기에 그냥 넘어갔습니다. 아버지는 가족의 문제점을 정확히 알고 있었습니다. 아이는 제 공부방에 다니기 전에 하루 세 시간 넘게 붙잡혀서 공부를 했다고 합니다. 이 때문에 성적은 올랐지만 다른 부분들은 망가질 수밖에 없었습니다. 반면 그의 동생들은 공부는 잘 못하지만 마음은 건강한 상태였습니다. 동생들은 아빠를 보면 안기고 뽀뽀하고 살갑게 대했습니다. 아버지는 저와 대화를 할 때마다 술을 꼭 한 잔 사드려야 하는데 하시며 아쉬워하셨습니다. 그 마음이 참 고마웠고 감동적이었습니다. 이것이야말로 아버지의 관심이라는 생각이 들었기 때문입니다.

받는 사람은 그것이 관심인지 간섭인지 잘 알지만, 하는 사람은 구분을 못하는 경우가 많습니다. 가족에게 관심을 가지려는 아버지의 순정이 가족에게는 간섭으로 느껴진다면 어느 누가 기쁠 수가 있겠습니까? 가족에게 뭔가를 해야만 한다는 마음이 강하면 가족들이 괴롭습니다. 이 안타까운 결론을 피하기 위해서 아버지와 가족 사이에 암묵적으로 성립된 약속이 '무관심'이 아닐까 합니다.

제가 한 아버지의 모습을 보고 감동을 받았던 까닭은 그가 '아버지의 관심'의 정석을 보여주었기 때문입니다. 아이가 공부방에서 보여준 모습과 제가 제기했던 여러 가지 문제점을 깊이 경청하면서 공감을 표시했다는 것은 아버지 역시 꽤 오랫동안 관찰했다는 의미입니다. 보통은 눈에 보이는 몇몇 모습만 보고 단정 짓기 쉽거든요. 공감은 표시하면서도 적극적으로 찬동하거나 나서지 않은 것은 적절한 시점이 아니라고 생각했기 때문입니다. 어떤 문제점을 발견했다고 해서 서둘러 해결하려고 한다면 문제가 더 악화될 수 있다는 점을 잘 알고 있는 것입니다. 아버지는 아이 어머니와 자녀 교육 문제에 대해서 꽤 오랫동안 대화하고 계셨습니다. 제가 아이들을 가르치면서 발견한 점을 말씀드리거나 좋은 방법이 떠올라 제안을 하면 아이 어머니와 긴 상의를 합니다. 제 의견을 들어주시는 경우도 있었지만, 대개는 아이 어머니의 뜻에 따랐죠. 어떤 문제점을 가지고 있다고 하더라도 가족을 존중하는 자세만큼은 버릴 수 없는 것입니다. 아버지가 보여주신 모습은 제가 유독 실천이 안 되는 점이기에 오래 기억하려고 애씁니다.

가장 인상적인 부분은 선을 넘지 않으려고 무척 애쓴다는 점입니다. 가족 간에 저지르기 쉬운 잘못은 소유하려고 한다는 점입니다. 함부로 하고 쉽게 단정 짓고 수시로 선을 넘기에 가족은 폭력의 다른 이름이 되어버릴 때가 많습니다. 사랑이란 이름의 학대, 관심이란 이름의 간섭, 결단이라는 이름의 좌절시키기. 아동 폭력이 가장 많이 일어나는 장소가 가정이고, 가장 많은 폭력을 휘두르는 가해자가 부모라는 통계는 그저 우연만은 아닌 것입니다.

아빠와 아이 사이에는
틈이 있다

> 흙을 반죽하여 그릇을 만들 때 그릇이 비어 있어
> 무無이기에 유有인 그릇이 쓸모 있게 된다.
> 창문과 바라지를 뚫어 방을 만들 때 방이 비어 있어
> 무無에 합당하므로 방이 쓸모 있게 된다.
>
> – 『도덕경』

　아이를 직접 낳은 엄마와 달리 아빠와 아이 사이에는 '틈'이 있습니다. 처음에는 저도 이 틈이 무엇에 쓰는 물건(?)인지 몰랐습니다. 막연히 엄마보다는 아이와 멀리 떨어져 있다고만 생각했죠. 하지만 그게 아니었어요. 아이와의 '애착'이라는 건 그렇게 작동하는 게 아니니까요. 아이와 직접적으로 연결된 엄마는 그만큼 아이에 대한 집착도 강할 수 있습니다. 거리를 두고 아이를 바라보는 데에는 아빠가 엄마보다 훨씬 낫습니다. 아빠가 엄마와 자녀 사이에서 '분쟁조정위원장'처럼 활약하는 가정이 꽤 많습니다. 이 역시 틈을 활용한 지혜죠.
　『도덕경』의 이야기들은 일반 상식을 뒤집는 게 많지만 생각에 일관성이 있고, 한 번 더 곱씹어보면 머리를 맑게 해주는 이치가 보

입니다. 다양한 각도에서 보아야만 실체를 정확히 파악할 수 있으니까요. 일반적으로 생각하면 아이와 아빠 사이의 틈이 거리감을 만들 것 같지만, 노자老子는 틈이 오히려 거리를 좁혀준다고 말합니다. 노자에 따르면 강한 것은 죽음에 가깝고 약하고 부드러운 것은 생명에 가깝습니다. 그래서 '아기'가 노자의 철학에서는 으뜸의 자리를 차지합니다. 아이를 으뜸으로 치는 철학이니 『도덕경』은 아이를 키우는 데에 큰 지혜를 안겨줍니다. 노자의 물 이야기를 아이 키우는 데 응용하면 '물 같은 아버지'와 '불같은 아버지'라는 상징을 떠올릴 수 있습니다. 『도덕경』의 내용을 감안한다면 노자가 어떤 아버지에게 더 점수를 줄 것인지 예상할 수 있겠죠?

> 가장 높은 지도자는 아랫사람이 그가 있는 것만 겨우 알고, 그 다음 가는 지도자는 가까이 여겨 받들고, 그 다음 가는 지도자는 두려워하고, 그 다음 가는 지도자는 경멸한다.
>
> —『도덕경』

가장 높은 수준의 지도자는 마치 물처럼 국민의 삶에 최소한만 개입함으로써 불편함을 주지 않습니다. 가장 높은 수준의 부모 역시 아이를 편안하게 하되 개입을 최소화합니다. 못난 부모는 아이가 늘 눈치를 보게 만듭니다. 자신의 존재감을 지나치게 강조하려는 어른은 아이 못지않게 자기 중심적입니다. 노자의 가르침을 이해하고 났더니 수업 시간에 산만한 아이를 어떻게 다뤄야 하는지

감을 잡을 수 있었습니다. 아이들은 부모가 있든 없든 아랑곳하지 않고 저희들끼리 뛰어놉니다. 하지만 부모가 '거기 있다'는 사실은 아이들에게 매우 중요해요. 그것이 '존재'가 가지고 있는 힘이죠. 아이들은 '존재'를 느낍니다. 그것만 알면 돼요. 조바심을 느낄 필요가 없습니다. 수업을 할 때 딴청을 부리는 아이는 그대로 두고 내용에 집중하면 됩니다. 몇몇 아이들이 집중하고 재미를 느끼면 딴청을 부리던 아이도 슬그머니 다가오죠. 아름드리나무처럼 그 자리에 서 있으면서 할 일을 하면 됩니다.

실제로 부모들이 아이와 관계 맺기에 실패하는 주된 이유는 거리를 두지 않기 때문입니다. '이웃을 사랑하되 담은 허물지 말라'는 서양의 격언을 생각해보세요. 제주에는 '밖거리'라고 부르는 바깥채가 있습니다. 자식이 결혼을 하면 부모와 거리를 두고 사는 용도로 많이 쓰죠. 한 지붕 아래 부모와 자식 부부가 같이 살면 아무래도 어려움이 많으니까요. 아동심리 전문가들 역시 '자기만의 공간'의 중요성을 강조합니다. 아이에게 부모로부터 자유로운 혼자만의 공간이 생겼을 때, 자신의 행동 결과를 직접 경험함으로써 자신이 알아야 할 대부분을 배울 뿐만 아니라 자기 절제력까지 키울 수 있다고 합니다.

군더더기 행동을
하지 않으려면

심리학 연구에서 아빠의 가치는 놀라울 정도입니다. 특히 놀이나 학습과 관련된 분야는 아빠의 경쟁력이 독보적입니다. 엄마들은 시각적인 게임을 많이 하고 말로 접촉하는 경우가 많지만 아빠들은 몸으로 접촉합니다. 생후 2~3주 된 아이와 실험해본 결과 아기는 아빠에게는 전혀 다른 반응을 보였다고 합니다. 눈은 더 크게 뜨고, 얼굴 표정이 더 쾌활하고 빛났죠. 한 연구에서는 아빠가 육아에 특별한 관심을 기울인 유아들은 "발달검사, 문제 해결 능력, 심지어 사회성 기술에서 일관되게 예상 일정보다 두 달에서 여섯 달 정도 앞서는 것으로 평가"(로스 D.파크, 『나쁜 아빠』)되었습니다.

감정(emotion)에 초점을 둔 부부, 부모-자녀 관계 연구의 세계적인 권위자인 존 가트맨의 연구 결과도 흥미롭습니다. 또래 관계에 최선을 다하는 아이들은 자신들의 감정을 인정하고 성과를 칭찬해주는 아빠를 둔 아이들이었습니다. 감정 코치인 아빠가 감정이입을 해주었기 때문에 부정적인 감정에 대한 대처 능력이 특히 뛰어났습니다.(존 가트맨, 『양육의 마음』) 아빠와 많은 접촉을 가진 5개월 된 남자아이들이 다른 사람들에게도 거부감을 덜 느낀다는 조사 결과도 있습니다. 아빠와 접촉이 없는 아이에 비해 타인에게도 호기심을 보이며 친근하게 다가갔죠. 다른 실험에서는 아빠와 같이한 시간이 많은 두 살짜리가 낯선 사람과 함께 있어도 덜 운다는 결과를 밝혔습니다.(존 가트맨, 『내 아이를 위한 사랑의 기술』)

하지만 아빠의 에너지를 제대로 얻기 위해서는 주의해야 할 것이 있죠. "까치발로는 오래 서지 못한다"(『도덕경』)라는 비유처럼 부자연스러운 행동은 피해야 합니다. 어떤 게 부자연스러운 행동일까요? 노자는 "스스로 자기를 드러내는 자는 드러나지 않고 스스로 자기를 옳다 하는 자는 인정받지 못하며 스스로 뽐내는 자는 공이 없고 스스로 자랑하는 자는 우두머리가 되지 못한다"(『도덕경』)고 말했습니다.

아버지 대접을 받으려고 아이와 가족에게 부당한 간섭을 하거나 생떼를 쓴 적이 없으신가요? 저희 막내가 일곱 살이다 보니 이웃에 사는 네 살배기 조카를 다루는 게 낯섭니다. 하루는 조카가 방문을 벽에 자꾸 부딪으면서 쿵쿵거리기에 목소리를 깔고 하지 말라고 했더니 저를 한 대 툭 치고 도망가더군요. 네 살짜리에게 매 맞은 것이 패씸했던 저는 아이를 혼내고 말았습니다. 이 행동은 그야말로 군더더기 행동이며 "도를 지닌 사람은 하지 않는 짓"입니다. 저는 아홉 살 첫째 아이가 조카를 대하는 모습을 보면서 제 행동을 바로잡았습니다. 첫째 아이는 조카가 거칠게 다뤄도 웃음을 잃지 않고 따뜻하게 대해주었습니다. 첫째 아이가 한 행동이야말로 자연스러운 모습입니다. 네 살 조카는 첫째에게는 '형'이라는 말을 꼭 붙이지만, 둘째에게는 이름을 고집합니다. 아기도 알 건 다 안다는 듯이. 이와 같이 일상 속에서 '아버지'로 대접받으려는 군더더기 행동들만 줄여도 가족들의 존경과 사랑을 받을 수 있을 것입니다. 아버지에 대한 존경은 아버지로서 해야 하는 역할을 다함으로써 자연스레 받는 것이니까요.

Q : 아이와 가족이 저를 가장으로서 존중하지 않는다고 느껴질 때가 많아요.

A : 가족은 정직한 밭과 같습니다. 심은 만큼 거두는 법입니다. 조금 심었는데 많이 거둘 수는 없습니다. 그런 가족은 없습니다. 밭이 농부를 버리는 것이 아니라 농부가 농부를 버리듯, 가족이 아버지를 존중하지 않는 게 아니라, 아버지가 아버지를 존중하지 않는 것입니다.

"가벼우면 근원을 잃고 시끄러우면 임금을 잃는다"라고 하는데 가볍고 시끄러운 아버지라면 더 말할 게 없겠지요. 스스로를 존중해주세요.

3
아이를 혼내지 않고
키울 수는 없을까요?

"상을 내려야 할 할 일에 오히려 벌을 내리고"
_『안자춘추』(임동석, 동문선)

부모가 공정한
재판관이 된다는 것

어린이집에서 둘째 아이를 데리고 나와 차에 태우고 집으로 돌아가고 있었는데, 아이가 갑자기 친구네 집에 데려다 달라고 합니다. 집에 들렀다가 엄마 만나고 가자고 달랬지만 막무가내였습니다. 성을 내면서 "아빠, 바보야!" 하고 몇 번이나 외칩니다. 그쯤 되니 부아가 치밀었습니다. 집에 가자마자 회초리를 들고 말았습니다. 엉덩이를 세게 맞은 아이는 아빠한테 처음 맞아서 놀랐는지 헐떡대며 말을 못 이을 정도였습니다. 아이를 혼내고 나니 가슴이 쓰렸습니다. 아이 혼내는 문제는 두고두고 고민거리입니다. 아이를 혼내지 않고 아무렇게나 놔두면 천둥벌거숭이가 되어버릴 것 같고, 자주 혼내면 기가 죽을 것 같으니 머리가 지끈거릴 수밖에 없습니다. 문제는 부모가 혼내는 패턴이 일정해서 아이에게 읽힌다는 것입니다. 조건반사처럼 아이가 어떤 행동을 했을 때 반사적으로 나오는 부모의 반응은 아이를 '파블로프의 개'처럼 수동적으로 만들 수도 있습니다.

공자는 "형벌의 판결이 제대로 되지 않으면 백성들이 손과 발을 움직이는 것조차 불안해한다"(『논어』, 「자로」)고 할 정도로 형벌과 재판의 형평성을 강조했죠. 아이에게 가하는 형벌, 즉 체벌도 육아의 일부입니다. 체벌과 보상은 아이들의 행동에 직접적으로 영향을 주기 때문에 부모가 잘 다듬어서 사용하지 않으면 안 됩니다. 그러나 제가 아이들에게 체벌과 보상을 하는 방식을 가만히 돌이켜보니 일관성이 없었습니다. 앞에서 얘기한 사례에서도 아이는 가고 싶은 곳에 데려다 달라고 한 건데 아이의 의견은 무시하고 아빠 마음대로만 하니 강하게 거부할 밖에요. 앞뒤 살피지 않고 "아빠, 바보야!"라고 했다는 이유만으로 손찌검을 당한다면 아이는 억울함을 느낄 것입니다.

제가 아이들에게 체벌과 보상을 하면서 느낀 사실은 체벌이 보상보다 몇 배 더 어렵다는 점입니다. '보상'은 아이가 칭찬받을 만한 점을 발견하고 권장하는 것이므로 조금만 관찰하면 됩니다. 잘한 부분에 대해서만 보상해주면 되니 전체 정황을 파악하지 못한다고 해서 나빠질 일은 없습니다. 하지만 '체벌'은 공정한 재판관처럼 정확한 사실관계를 근거로 해야 하고 살펴봐야 할 일의 범위가 생각보다 매우 넓습니다. 눈에 보이는 것 하나만 가지고 체벌을 하면 체벌의 효과를 거둘 수 없을 뿐 아니라 그 자체로 부당한 일이 되기 쉽거든요. 겉으로 보이는 모습만 가지고 체벌하면 아이들은 교묘히 부모를 속이려고 합니다. 체벌로 억울한 피해를 보는 아이의 마음속에는 원망이 싹틉니다. 체벌이 무엇인지 모르는 상태에서 습관적으로 사용하는 부모는 위험합니다.

체벌할 때 보상하고,
보상할 때 체벌하면 일어나는 일

『안자춘추』는 공자와 동시대에 활약했던 제齊나라의 명재상 안영(晏嬰, ?~BC 500)의 언행을 모은 글입니다. 제나라는 상업이 무척 발달한 나라였는데, 안자의 집은 시장 한가운데 있었기 때문에 현실 감각과 여론조사에 유리한 환경이었죠. 제나라가 공자의 조국인 노魯나라와 이웃하고 있었기 때문에 안자는 공자와 정치적 라이벌일 수밖에 없었습니다. 하지만 안자는 귀족 집안에서 자라서 완숙한 정치 감각이 있었던 반면, 공자는 미천한 신분으로 자수성가했기에 정무政務 감각은 뒤쳐질 수밖에 없었습니다. 안자는 공자를 손바닥 위에 올려놓고 놀았습니다.

안자는 사마천의 『사기열전』에도 수록되었습니다. 사마천은 안자를 무척 존경했죠. "가령 안자가 지금 다시 있다면, 내 비록 그를 위해 마부가 된다 해도 기쁨과 흠모로 모시리라"라고 고백할 정도였습니다. 안자가 정치를 하는 내내 강조한 것은 "형벌은 신중하게 집행해야 한다"는 것이었습니다.

제가 『안자춘추』에서 주목한 점은 경공은 처벌로서 백성을 억누르려 하였고, 안자는 경공의 처벌을 억누르려고 했던 모습입니다. 아이들에게 체벌을 신중히 해야겠다는 생각을 굳히게 만들어준 것도 안자입니다. 『안자춘추』에는 체벌과 보상이 잘못 적용되었을 때 정치 구조가 얼마나 망가질 수 있는지 명확히 보여주는 사례가 등장합니다. 안자가 동아東阿라는 땅에 지방장관에 해당하는 '재宰'로 근무하였을 때의 이야기입니다. 3년마다 하는 근무평가에서 안자는 '면직' 평가를 받습니다. 현지 관리들에게 현장 여론조사를 실시한 결과 안자에 대한 비방의 목소리가 높았습니다. 경공은 즉시 안자를 소환해 면직시켰습니다. 당시의 여론조사에서는 백성들의 의견을 들을 수 없었고, 중간 관리자나 귀족 등 기득권자들의 의견이 대부분이니 민심이 왜곡되고 착시를 일으킬 수밖에 없었습니다. 정치적 위기에 처한 안자는 경공을 찾아가 자신에게 3년만 더 기회를 달라고 조릅니다. 경공은 차마 면직시키지 못하고 안자로 하여금 다시 동아 땅을 다스리도록 했습니다. 다시 3년이 지나자 이번에는 과연 안자를 칭송하는 소문이 들려왔습니다. 경공은 기쁜 마음에 안자를 불러 상을 내리려고 했습니다. 하지만 이번에는 안자가 상을 받지 않으려 했습니다.

6년 동안 동아 땅에서 무슨 일이 있었던 걸까요? 처음 3년 동안 지름길을 이용하려는 간악한 무리의 통로를 막고 사악한 무리가 드나드는 문지기의 임무를 강화하자, 이에 불만을 품은 부패한 무리들이 안자를 미워했습니다. 검소하며 효도에 힘쓰고 형제간에 우애 있는 자를 들어 쓰고, 게으르고 비뚤어진 자를 처벌하자, 나태한 백성 역시 안자를 미워했습니다. 재판을 할 때도 귀하거나 강한 자에게 특혜를 주지 않고 공정히 판결하자, 귀하고 강한 자들이 안자를 미워했습니다. 좌우 신하들의 이권 청탁 역시 법에 맞지 않으면 거부하였더니, 측근들조차 안자를 미워했습니다. 그러니 왕이 안자에 대한 나쁜 평가를 들을 수밖에요.

하지만 왕에게 간청해 얻은 3년 동안 안자는 이전 3년과는 정반대로 동아 땅을 다스렸습니다. 문지기의 단속도 느슨하게 하고, 귀하고 강한 자에게 유리한 판결을 내렸고, 측근들의 이권 청탁은 법과 상관없이 다 들어주었습니다. 그랬더니 안자에 대한 찬사가 왕의 귀에까지 들린 것입니다. 안자가 왕에게 간한 말을 접하고 저는 가슴이 뜨끔했습니다.

"지난날 제가 하였던 일은, 오히려 주벌을 내릴 일이라 여기셨지만 그것은 사실 상을 내렸어야 할 경우였고, 지금 제가 할 일은 상을 내릴 일로 여기고 있지만 사실은 이것이 바로 징벌을 받을 일입니다. 이러한 까닭으로 감히 상을 받을 수가 없는 것입니다."

– 『안자춘추』, 내편

이 장면을 접하며 저는 진실을 정확히 파악해서 상과 벌을 내린다는 일이 얼마나 힘든지 알았습니다. 아이들을 혼내야 하는 상황이 생기더라도 섣불리 혼내지 않고 실상을 정확히 파악하려고 애쓰게 된 것도 여기서 배운 습관입니다.

민주주의 방식으로
아이들을 혼내다

두 아들이 재밌게 놀다가 갑자기 둘째가 울고 형제가 싸우는 일이 벌어졌습니다. 저와 아내는 울고 싸운 것 자체를 가지고 아이들을 혼냈죠. 이때 억울한 사람이 생겼고, 문제는 개선되지 않았습니다. 저 역시 상황만 모면하는 데 급급했기 때문입니다. 어릴 적 다툼의 경험은 갈등 해결 능력을 키우기 위해 꼭 필요한 과정이라는 점을 생각하면, 싸우지 않는 상태에 집착하는 부모의 태도는 위험합니다. 민주주의는 무죄추정 원칙을 가지고 있고, 형사소송법에서는 오직 증거를 근거로 판결을 내립니다. 진정한 민주주의는 가정에서부터 시작해야 하니 아이들을 혼낼 때도 민주주의의 원칙을 적용하지 않을 수 없습니다. 두 아이가 싸우고 한 아이가 울게 된 일을 면밀히 조사해보니 서로 참을 만큼 참았다는 사실을 알게 되었습니다. 동생은 형에게 장수풍뎅이 먹이 주는 것을 양보했는데, 세탁기 버튼을 누르는 것마저 형이 다 해서 화가 난 겁니다.

아이들을 제대로 혼내려면 실상을 정확히 파악해야 합니다. 실상을 정확히 파악하려면 평소 아이들에게 관심을 가지고 관찰해야 하고, 아이들의 이야기를 세심히 들어야 합니다. 한 사람도 억울한 일이 없도록 양쪽의 말을 충분히 듣고 나면 아이들의 얼굴은 평화로워집니다. 하지만 아이들을 무작정 억누르면 얼굴에는 뭔지 모를 불만이 남죠. 아이들은 나쁜 것은 쉽게 잊어버리고 천진난만한 표정으로 놀이에 집중하지만, 부모에게 억울하게 받은 체벌의 상처는 좀처럼 사라지지 않습니다. 아이 마음속에 남은 앙금은 잡초처럼 뿌리를 내리고 자라납니다. 무분별하고 불공정한 체벌을 남용하는 부모가 보기에 아이들은 얼핏 온순하고 착하게 보일지 모릅니다. 하지만 그것은 아이들이 애써 삭힌 것이죠. 눈에 보이지 않는 아이들 마음속은 어떻겠습니까? 억울함과 원망, 의심, 분노 등이 가득할 것입니다.

아이를 혼낼 때는 최대한 많은 정보를 파악하려 애쓰고, 혼낸 후에도 아이의 표정을 자세히 관찰합니다. 아이의 표정에는 판결에 대한 평가가 담겨 있으니까요. 체벌을 할 때는 체벌하는 시점과 체벌의 형태, 체벌을 통해서 전하는 메시지 등 다양한 점을 고려해야 합니다. 체벌을 제대로 하지 않으면 아이들 사이에 왜곡된 권력 관계가 생길 수도 있고, 체벌을 잘못하면 악용하거나 억울한 피해가 생길 수 있습니다. 아이의 선한 의도를 읽어주는 게 가장 중요하고, 왜 체벌을 하는지 분명히 하는 것도 매우 중요합니다. 큰 아이가 작은 아이를 때리거나, 작은 아이가 큰 아이에게 무례하게 굴거나, 두 아이가 한 아이를 따돌리는 것은 '정의'와 관련된 문제이기 때문에 부모가 적극 개입해야 합니다. 부모의 판결은 아이들에게 직접적인 영향을 미칩니다. 아이들은 위로를 받고 자신을 돌아보고 정의에 대한 자신의 관념을 형성하기에, 체벌은 예술에 가까울 정도의 완성도를 보여줘야 합니다.

안자처럼 처벌 자체를 신중하게 하고, 꼭 처벌해야 한다면 억울한 일이 생기지 않도록 공정하고 정확하게 해야 합니다. 공자처럼 체벌해야 할 상황 자체가 발생하지 않게 미리 예방할 수 있다면 얼마나 좋겠습니까마는, 우리 부모들에게 그런 지혜를 기대하기는 무리일 것입니다. 최소한 아이들이 예측하고 경계를 삼을 수 있도록 일관성만큼은 유지해야 합니다.

♥ ♥ ♥

Q : 아이를 혼내지 않으면서도 잘 키울 수 있는 방법이 있나요?

A : 아이가 다니는 길에 깊이 박힌 돌부리가 튀어나와 있습니다. 몇 번 넘어졌던 아이는 그 돌부리를 피해서 걸어갑니다. 혼낸다는 건 집안에 중요한 돌부리들이 놓여 있는 것과 같습니다. 아이가 알고 있다면 스스로를 혼내고 스스로 잔소리를 만든 셈입니다.

어른도 돌부리에 걸리면 넘어지듯 잘못하면 혼나야 합니다. 그것이 규칙입니다. 집안에 규칙이 생기면 혼낼 일이 봄눈 녹듯 사라집니다.

"아랫사람에게 구하는 바가 있으면 반드시 윗사람이 본을 보여 힘쓰게 하고, 아랫사람에게 금지시킬 것이 있으면 윗사람도 스스로 그런 행동을 하지 말아야" 혼내지 않고도 아이를 잘 키울 수 있는 규칙이 자리 잡습니다.

4

가족에게 자꾸
화를 내게 돼요

"고향도 아버지도 아버지의 친구도 다 있었다."

_『정본 백석 시집』(백석, 문학동네)

좋은 아버지의
모델을 찾다

주말에 가족들과 함께 한적한 시골 마을로 놀러 갔습니다. 초등학교 운동장에는 아이들이 그려놓은 듯한 그림과 아이들을 위한 의자가 놓여 있었습니다. 아이들은 개미집을 관찰하느라 분주했고 주변 나무 그늘 아래에서는 부모들이 그동안 밀린 이야기를 펼쳐놓았습니다. 아이들 웃는 소리, 어른들 대화 소리도 들릴 만큼 조용한 동네에 갑자기 욕하는 소리가 들렸습니다. 깜짝 놀라서 소리 난 곳을 보니 초등학교 5~6학년쯤 돼 보이는 남자아이가 다급하게 도망치고 있었습니다. 곧이어 아버지로 보이는 남자가 화가 난 표정으로 걸어오더니 아이 머리통만 한 돌을 있는 힘껏 아이 옆으로 던졌습니다. 주위 시선을 의식한 남자는 "너 집에 가서 보자"라고 위협하며 사라졌습니다. 당황한 아이는 뭐라고 중얼중얼 말했지만 들리지 않았습니다.

자식에게 돌을 던진 아버지를 본 순간 '저건 내 모습이 아닐까?' 하는 생각이 강하게 들었습니다. 저도 아이들과 아내의 짜증을 견딜 수 없어서 분노를 터뜨린 때가 몇 번 있거든요. 모든 부정적 감정을 극복하는 방법을 '디퓨징(defusing)' 기법이라고 합니다. 분노 조절 장애를 겪는 수많은 청소년과 성인을 치료했던 하버드대학교 의과대학 정신과 전문의 조셉 슈랜드(Joseph Shrand)와 의학 전문 저널리스트 리 디바인(Leigh M. Devine)이 함께 쓴 『디퓨징』은 모든 '분노'의 근간에는 해결되지 않은 '질투' 및 '의심'이 자리 잡고 있다는 사실을 밝혀냈죠. 분노는 엄청난 에너지입니다. "호흡이 빨라지고, 땀이 흐르고, 얼굴이 붉어지고, 동공은 초점을 잃고 테스토스테론 수치가 높아지고 심장 박동이 빨라지고 혈압이 올라"(『디퓨징』)가죠. 분노는 우리 뇌에서 가장 오래되고 원시적인 부위에서 생겨난다고 합니다. 야생의 인류가 천적이나 야생 짐승으로부터 자신을 보호하기 위해 스스로를 변화시킨 흔적이죠. 하지만 가족은 천적이 아니잖아요?

저는 아빠가 되기 전에도 인문 고전과 문학 고전을 가리지 않고 읽었지만, 아빠가 되고부터는 기왕이면 좋은 아빠가 되는 데 도움이 되는 방향으로 책을 읽으려고 노력했습니다. 문학작품을 가족 문제와 연관해서 생각하기 시작한 것은『까라마조프 씨네 형제들』을 읽고부터입니다. 무책임한 아버지가 아이와 사회에 미치는 영향에 대해 심각하게 받아들이게 되었습니다.『앵무새 죽이기』의 애티커스 핀치 변호사와 백석 시인의 시집에 가끔 등장하는 '어린 백석의 아버지'에서 좋은 아버지의 역할모델을 찾았을 때는 얼마나 기뻤는지 몰라요.

백석 시인의
아버지에게 배울 점

장날 아침에 앞 행길로 엄지 따러 지나가는 망아지를 내라고 나는 조르면

아배는 행길을 향해서 크다란 소리로

… 매지야 오나라

… 매지야 오나라

-『정본 백석 시집』, 「오리 망아지 토끼」

문학작품을 읽으면서 찾은 아버지의 이상향은 백석 시 「오리 망아지 토끼」에 나오는 아버지입니다. 아무리 울어도 오리 잡으러 간 아버지가 오지 않자 아버지 신발과 옷가지를 모두 강물에 던져버렸던 '한 성격' 했던 소년 백석. 아들에게 상처를 주지 않으려고 애쓰셨던 아버지의 마음이 진하게 묻어나는 시였죠. 이 시를 보면 아

버지의 덕德이 느껴져서 참 좋았습니다.

백석의 아버지는 당시로는 흔치 않게 언론기관의 사진기자 생활을 한 개화한 인물이었습니다. 백석 시인 연구가 송준 씨의『시인 백석』(흰당나귀)에 소개된 일화를 보면 대의大義를 중요시하는 멋진 사람이라는 점이 드러납니다.

1926년 8월 18일 오산고보는 관계당국의 허가를 얻어 강당 및 교장사택 건축비 10만 원을 마련하기 위해 동분서주했다. 1927년 2월 21일부터 주로 평안도와 황해도에 사람을 파견해 건축기금을 마련했는데 그때 백석의 아버지는 황해도를 담당하는 몇 명의 대표에 선출될 정도였다. 그렇게 넉넉하게 살지는 못했지만 백석의 아버지는 꼭 필요한 일에는 적극적으로 나서는 인물이었다.

– 『시인 백석』

저는 백석의 아버지를 본받아 아이들이 감정표현을 자연스럽게 할 수 있도록 노력했습니다. 아이들의 감정을 도덕적 잣대로 판단하지 않고 웃음을 잃지 않으려고 노력한다면, 혹시 제 아이들이 훗날 작품에 어린 시절의 아버지를 좋게 그려줄지 모르는 일이니까요. 아이들과 생활하면서 '웃음'을 유지하는 일이 가장 어렵습니다. 아이들과 생활하다 보면 화나거나, 싸우거나, 울거나 하는 부정적인 상황이 자주 벌어지기 때문입니다. 아이들의 온갖 감정과 투정, 떼를 바다처럼 감싸주는 것은 제게는 불가능한 일입니다.

장날 아침에 길에서 보았던 망아지를 달라고 무턱대고 조르는 아들에게 "매지야 오나라"(망아지야 오너라)라고 일부러 외치면서 분위기를 환기시킨 장면은 「오리 망아지 토끼」의 압권입니다. 집에서 아이들과 오랜 시간을 보낸 아버지라면 그런 기술이 보통 순발력으로는 어렵다는 걸 알 것입니다. 하지만 백석의 아버지가 정말로 대단한 것은 기지나 순발력이 아닙니다. 사람을 끌어들이는 덕망입니다. 시인의 대표작 중 하나인 「고향」이라는 작품에서는 백석 아버지의 덕망이 간접적으로 묘사되고 있습니다. 덕망이야말로 흉내 낼 수 없는 것이고 평생 닦아서 아이에게 물려주어야 할 보배입니다.

나는 북관北關에 혼자 앓아누워서
어느 아침 의원醫員을 뵈이었다.
의원은 여래如來 같은 상을 하고
관공關公의 수염을 드리워서
먼 옛적 어느 나라 신선 같은데
새끼손톱 길게 돈은 손을 내어 묵묵하니 한참 맥을 짚더니
문득 물어 고향이 어데냐 한다.
평안도平安道 정주定州라는 곳이라 한즉
그러면 아무개씨氏 고향이란다.
그러면 아무개씰 아느냐 한즉
의원은 빙긋이 웃음을 띠고

막역지간莫逆之間이라며 수염을 쓴다.

나는 아버지로 섬기는 이라 한즉 의원은 또 다시 넌지시 웃고

말없이 팔을 잡아 맥을 보는데

손길은 따스하고 부드러워

고향도 아버지도 아버지의 친구도 다 있었다.

-「고향」

필부 아버지를 극복하기

"칼을 어루만지고 상대방을 노려보며 말하기를 '네가 어찌 감히 나를 당하겠는가'라고 하는 것은 필부의 용기로서 한 사람을 상대할 뿐입니다"(『맹자』, 「양혜왕」)라고 한 맹자의 말을 되새기며 '작은 분노'와 '큰 분노'를 구분해서 받아들이려고 애썼습니다. 저도 처음에는 처자식에게 버럭 하고 싶은 충동을 이기지 못했습니다. 시골 학교 옆에서 아들에게 돌을 던진 아버지 같은 필부였죠. 실제로 돌을 던진 적도 있어요. 형제를 차에 태우고 가다가 싸우는 모습에 화를 참을 수 없어서 밭담 옆에 차를 세웠습니다. 소리를 지르면서 큼지막한 돌을 밭 한가운데로 던졌던 기억이 납니다. 아이들에게 명백히 위협적인 행동을 한 것이죠. 이 일을 떠올릴 때마다 지금도 낯이 뜨거워집니다.

아버지가 순간의 분노를 참으면 아이들은 달라집니다. 짜증 내

고 떼 쓴 아이들은 끝내 죄송하다고 말하더군요. 아이가 화를 내고 풀고 오히려 미안한 마음이 들 때까지의 시간을 기다려줄 수 있어야 한다는 걸 알았습니다. 그 시간을 견디고 기다릴 수 있다면 아이도 '인내'라는 소중한 미덕을 몸소 배울 수 있을 것입니다. 가족과의 관계가 내 뜻대로 안 될 때는 "더 크고 높은 것이 있어서, 나를 마음대로 굴려가는 것을 생각"합니다. 생각을 굴리다 보면 자연스럽게 어지러운 마음에도 "슬픔이며, 한탄이며, 가라앉을 것은 차츰 앙금이 되어 가라앉고"(「남신의주 유동 박시봉방」) 말지요. 마치 시를 쓰듯 가족을 바라보면 그 순수한 마음이 보이고, 완성도 높은 문학작품 한가운데 있다는 편안한 느낌을 받을 것입니다.

아내와는 일 문제로 오랫동안 다퉜습니다. 하고 싶은 일과 해야 할 일은 누구나 있잖아요. 아내의 불만은 제가 항상 하고 싶은 일만 선택한다는 것이었습니다. 남편으로서 아내의 뜻을 꺾는 것은 어려운 일은 아니었습니다. 하지만 분명한 건 '어려워해야 할' 일이죠. 시간을 두고 기다리며 아내가 걱정하는 부분을 채워가고 가장으로서 책임을 잊지 않고 차분히 준비했습니다. 어느 시점이 되니 아내도 제 손을 들어주더군요. 그런 결정을 하는 아내의 속이 좋지는 않았을 것입니다. 만약 제가 옳은 일만 고집하고, 제 감정만 생각했다면 큰 싸움은 피할 수 없었을 것이고 좋지 않은 결말을 맞았을지도 모릅니다.

저는 압니다. 제가 인내하고 기다린 시간이 힘들었던 것보다 아이와 아내가 기다린 시간이 더 힘들었을 것이란 사실을. 그들도 정성을 다해서 시간의 수를 놓았다는 사실을. 아빠들은 가족들의 어떤 마음이 시간을 수놓고 있는지 분명히 보아야 합니다.

Q : 가족이 서로에게 화내는 까닭은 무엇일까요?

A : 화내지 않고 웃음으로만 받아주면 가족이 아니라 '고객님'이겠죠. 편안히 화낼 수 있는 존재가 가족입니다. 가족의 화는 소나기를 닮아야 합니다. 한쪽은 기다려주고 한쪽은 금방 멈춰야 하죠. 비가 그치면 밝은 눈으로 살펴주고, 활짝 열린 가슴으로 보듬어주면 한편인 것이죠.

"흰밥과 가재미와 나는/ 우리들이 같이 있으면/ 세상 같은 건 밖에 나도 좋을 것 같다"『백석 시집』(선우사 膳友辭, 반찬 친구에 대한 글)라고 말해주세요.

5

공부보다 더 중요한 게
있지 않을까요?

"인간의 인성은 사회가 그에게 만들어주는 것이다."
_『로버트 오언』(G.D.H. 콜, 칼폴라니사회경제연구소협동조합)

어린이에게
시선을 돌린 까닭

저는 지금도 제 가슴속에 어린이의 영혼이 있다고 믿습니다. 평생 가장 많이 들은 말 중 하나가 "철이 없다"니까 어느 정도 신빙성도 있지 않을까요? 그래서 그런지 어린이들과 대화가 잘 통하는 편입니다. 어린이들과 함께 있으면 제 심장에서 어린이가 튀어나와 맘껏 뛰노는 기분이 듭니다. 어린이들이 쓰는 표현에 관심이 많고 어린이가 말을 하면 그 상황 속으로 빨려 들어갑니다. 처음에는 저도 어린이 흉내를 낸다고 느꼈는데 점점 대담하게 나오더라고요. 예전에 언론운동을 같이하던 분의 결혼식에 기자 한 분이랑 참석

했던 적이 있습니다. 제 앞에 서너 살 정도 돼 보이는 꼬마가 손에 사탕을 쥐고 앉아 있었는데, 눈이 마주치자 저는 아이에게 온갖 아양을 다 떨었죠. 1분 남짓 있었을까요? 그 아이가 제게 사탕을 건네주었어요. 이 광경을 구경하던 기자 분이 저를 '어린애 사탕 뜯어내기의 달인'이라고 놀리더군요.

어린이는 동서양 할 것 없이 그 존재를 인정받지 못합니다. 어린이에 대한 어른의 태도가 매우 가혹하고 무분별한 대우를 받던 시대도 있었습니다. 어린이에게는 암흑기였던 18~19세기 영국에서 어린이의 존재에 특별함을 부여한 사람이 있습니다. 바로 로버트 오언(Robert Owen, 1771~1858)인데요. 그의 노력에 힘입어 어른들은 어린이를 어떻게 대해야 하는지 알았습니다. 글솜씨가 형편 없었던 오언은 불행하게도 직접 쓴 책이 거의 없습니다. 다행히도 오언의 일대기와 철학, 그리고 당시 영국의 상황을 날카롭게 그려낸 고전은 한 권 있습니다.

영국 사회주의 사상사 및 운동사에서 독보적인 위치를 차지하고 있는 정치사상가이자 경제학자, 역사학자이면서 추리소설 작가이기도 한 G.D.H. 콜이 쓴 『로버트 오언』입니다.

옛날 영국 어린이들의 과잉 노동과
요즘 한국 어린이들의 과잉 공부

사회주의의 아버지, 협동조합과 노동조합의 정신적 아버지, 보육과 아동교육의 창시자. '로버트 오언'이라는 이름은 어쩌면 생소할 수도 있습니다. 하지만 저는 어린이에 대한 인식을 로버트 오언만큼 신장시킨 사람을 본 적이 없습니다. 한국에서는 '어린이' 잡지를 창간하고 '어린이날'을 제정한 소파 방정환 선생이 어린이의 상징으로 각인되어 있지만, 세계의 어린이들을 아동노동의 지옥으로부터 실질적으로 자유롭게 만들어준 사람은 오언입니다. 저자는 이 사실이 너무 알려지지 않고 있다고 속상해했습니다.

오언은 사회제도를 바꾸고 법률을 바꾸는 것만으로는 만족할 만한 변화를 기대하기 어렵다고 주장했습니다. 당시의 어른들은 어린 시절에 반드시 형성해야 하는 인격이 형성되지 않은 채로 커버렸으니까요. 그는 현재의 경제적 문제와 사회적 문제를 해결하는 것보다 다음 세대를 올바르게 훈련시키는 게 더 중요한 일이라고 주장했습니다. 저도 오언과 같은 생각을 하고 있었는데, 오언의 사상을 접한 후로는 더욱 분명해졌습니다.

> "다 자라지도 못한 아이들을 일터로 보내 한 푼이라도 더 우려내려는 부모들은 그 아이들이 미래에 벌어들일 수 있는 소득을 날려버리는 셈이며, 뿐만 아니라 아이들이 미래에 향유해야 할 건강, 안락, 좋은 품행 등도 모두 희생시키고 있는 것이다."
>
> -『로버트 오언』

당시의 부모들은 왜 아이들을 공장으로 보냈을까요? 죄다 악마에게 영혼을 팔아버린 것일까요? 그렇지 않습니다. 당시의 학설이 아동노동을 지지하고, 통념이 지지하고, 남들도 다 했으니까요. 그 시대 영국인들은 아동노동이야말로 영국 제조업이 번영하기 위한 필수 조건이라고 생각했죠. 당시 노동자들은 왜 불결하고 난폭하고 한심하다는 인상을 주었을까요? 좋은 대접을 받지 못했기 때문입니다. 공장의 온갖 부도덕과 착취가 상식처럼 받아들여지던 당시 분위기에서 오언은 '사회'를 발견했습니다. 로버트 오언이 협동공장과 협동촌을 만들어 아동교육 시스템을 갖추고 학교를 정비하고 좋은 생활 필수품과 위생 관리로 환경을 개선했더니, 매우 수준 높은 인재들이 만들어졌죠. 오언의 설득 대상은 기업가, 정치인 등 지도층이었지만, 협동조합과 노동조합을 만든 건 노동자들이었습니다. 오언이 일군 사회의 따뜻한 혜택을 맛본 노동자들이 스스로를 아끼고 훌륭하게 다듬어갈 능력을 만들어낸 것입니다.

당시 오언이 고발한 아동노동의 실태를 접하고 소름 끼친 까닭은 우리 아이들이 밤늦게까지 남아서 하는 공부가 아동노동과 거의 같기 때문입니다. "어른인 아빠는 (이틀에) 20시간 일하고 28시간 쉬는데 어린이인 나는 27시간 30분 공부하고 20시간 30분 쉰다"는 글을 일기장에 남기고 세상을 뜬 '물고기 소년'을 기억하십니까? 2002년의 일이었죠. 아이는 자신의 공부를 노동과 비교하면서 정확하게 인식하고 있었습니다. 15년이 지난 지금, 아이들의 현실은 많이 바뀌었을까요?

"우리는 새로 태어나는 세대마다 모두 말 못하는 영아 시절부터 범죄를 배우도록 하고 있으며, 그렇게 배워 범죄자가 된 이들을 마치 수풀 속의 짐승처럼 사냥하여 도망가지 못하게 법망으로 꽁꽁 묶어 강제 노역을 시킨다. 도대체 언제까지 이런 상태를 방치할 것인가?"

－『로버트 오언』

백성들에게 일정한 수입원을 마련해주지 않고 알아서 먹고살라고 외면하면서 백성이 죄를 지으면 잡아다가 벌주기에만 급급하니 백성을 마치 물고기처럼 그물질하는 게 아니고 무엇이냐고 비판했던 『맹자』의 유명한 '망민罔民'이라는 고사가 바로 오언의 생각이었죠. 맹자는 '백성의 안정적인 수입'을 말했지만 오언은 '어린이의 안정적인 돌봄'을 말했다는 차이만 있을 뿐입니다.

부모 마음에 들지 않는
아이의 자질

저는 소심하고 창피를 좀처럼 잊지 못하는 성격입니다. 행동이 굼뜨고 서두르지 않아서 답답해 보입니다. 어릴 적에 잔소리를 많이 들었어요. 굼뜬 것을 어떻게 좀 해보려고 무엇이든 빨리 하려고 했지만, 오히려 넘어지고 실수하는 경우가 많아서 하던 대로 했습니다. "사람의 성격은 운명이다"라는 오래된 금언처럼 아이의 성격이 맘에 들지 않는다고 바꾸려고 하면 또 다른 문제가 생기죠.

사회인으로서 필요한 덕목과 타고난 개인의 자질을 혼동하면 안 됩니다. 지나치게 계산하려 한다든가 타인에게 무례하게 구는 것은 다듬어야겠지만 성격이 급하다든가, 까다롭다든가, 소심하다든가 하는 성정은 비판하지 말고 승화시킬 수 있도록 다듬어줘야 합니다. 제 큰아들은 첫째다 보니 미련하고 규칙을 잘 지키려는 습관이 있고, 절약을 잘합니다. 밥을 먹다가 갑자기 일어나서 방에 불을 끄는 행동을 하면 '절약정신'을 한껏 칭찬해줍니다. 근검 절약은 '교만'을 예방하는 특효약과 같죠. 둘째는 성질이 급하고 화를 잘 내고 번개처럼 재빠릅니다. 둘째를 목욕시킬 때 보면 정강이며 팔 같은 데가 상처투성이입니다. 거칠게 놀다가 다친 거죠. 바다에서 사뿐사뿐 걸으라고 했는데 성큼성큼 걷다가 뾰족한 바위에 발바닥이 찔려 상처가 난 적도 있습니다. 둘째와는 재담을 즐기는 편입니다. 아이의 엉뚱한 질문에 맞게 빠르게 응답하며 반문하는 방식으로 대화하면 순발력 훈련이 되는 것 같아요.

오언은 "인간이 타고난 본래의 복합물은 신의 위대한 지도력이 이루어놓은 모든 피조물과 마찬가지로 무한히 다양한 여러 모습을 띠고 있다"고 말했습니다. 따라서 모든 아이들 한 사람 한 사람의 정신에 가장 쉽게 접근할 수 있는 '맞춤형 방식'으로 접근해야 한다고 강조했죠. 저는 이 방법을 두 아이에게 실천하려고 애씁니다. 이미 많은 아이들이 획일적으로 길들여지고 있어서 개인의 정신은 메말라버리는 경우가 많습니다. 저는 어른이 아이에게 줄 수 있는 가장 좋은 선물이야말로 자질의 발견과 승화라고 생각합니다. 아이들이 어렸을 때는 잘 몰라요. 자신이 무엇을 잘하고 어떤 점에 소질이 있는지. 어른들 역시 아이를 자세히 관찰해야만 미래에 어떤 일을 하면 좋겠다는 예견이 생깁니다. 부모의 깊은 관심과 오랜 관찰을 통해 아이 진로의 방향을 잡고, 그 길로 성실하게 나아가는 일은 매우 소중하지만 그만큼 어렵습니다.

♥♥♥ ——————

Q : 공부가 문제지 풀기만은 아닐 텐데, 아이에게 진짜 공부가 무엇인지 깨우쳐 주기가 쉽지 않네요.

A : 맑은 밤하늘의 별무더기에 마음을 빼앗긴 아이는 이미 초롱초롱 빛나는 별입니다. 토끼풀, 코스모스, 들꽃 한가운데 숨죽이고 꿀벌, 나비가 노는 걸 바라보고 있는 아이는 이미 한 송이 꽃입니다. 아이는 태어날 때부터 땅입니다. 이 기억을 되찾아주기만 하면 됩니다.

『로버트 오언』에 나온 말처럼 "책 따위로 아이들을 성가시게 할 것이 아니라, 주변의 흔한 사물들에 대한 호기심을 자극하여 그것들에 대해 질문을 하도록 유도하고 그 다음엔 그들에게 친숙한 대화로 그것들의 쓰임새와 성질들을 가르치도록" 하는 게 진짜 공부입니다.

6

아이와 좀처럼
친해지지 않네요

> "자신이 군주의 총애를 받는지 미움을 받는지
> 살펴서 말하지 않을 수 없다."
> _『한비자』(한비자, 한길사)

아이와의 관계를
선으로 그으면 '지그재그'

아이에게 최선을 다하지 않는 부모는 없을 것입니다. 그런데 최선을 다할수록 아이와 엇갈리는 느낌을 받은 적이 있나요? 무슨 사연인지는 몰라도 아이와 심각하게 엇갈린 엄마를 만난 적이 있습니다. 엄마들과 함께하는 놀이 특강에서 일어난 일입니다. 가족과 주고받는 선물을 화살표로 연결하는 일명 '선물 지도 그리기' 놀이를 체험해보았습니다. 자신은 가족에게 무슨 선물을 주었으며, 가족은 자신에게 어떤 선물을 주었는지 그려보는 과정에서 사랑받고 있음을 느낄 수 있는 힐링 프로그램이었죠. 한 어머니의 그림이 특이했습니다. 아들과 지그재그 화살표로 연결돼 있더라고요. 저는 그 어머니께 무슨 사연이 있는지 물었습니다. 어머니는 아들과 사이가 안 좋다고 말씀하시며 갑자기 눈물을 쏟아냈습니다. 당시 함께 자리했던 모든 분들이 숙연해졌고 저도 마음이 몹시 무거워졌습니다. 남 얘기 같지 않았으니까요.

부모와 아이는 왜 엇갈리는 걸까요? 아마 모든 부모들을 오랫동안 괴롭히는 주제가 아닐까요? 사람마다 '마음의 방'이 있다고 생각해요. 그 방으로 들어가려면 주인과 마음이 맞아야 하죠. 아이들은 자기를 낳아준 부모라고 해서 마음까지 곧잘 열어주지는 않습니다. 부모는 아이의 마음을 다 알고 있다고 믿지만, 오히려 학교 선생님이나 상담 선생님 또는 학교 친구가 아이를 더 잘 알 때가 많죠. 누구든 들어가려는 노력을 하지 않으면 쉽게 들어갈 수 없는 곳이 아이 마음의 방입니다.

제 경우도 둘째 아이가 오랫동안 풀이 죽어 있고 자주 앓았던 적이 있습니다. 유난히 혼내는 일이 많았던 시절이었죠. 형제끼리 다툴 때 나름 공정하게 혼낸다고 생각했지만, 둘째는 자신이 더 많이 혼난 것처럼 느꼈던 것 같습니다. 큰 아이 한 번 혼낼 때 작은 아이도 한 번 혼내는 기계적인 중간이 아니라, 둘째의 상황을 어느 정도 감안했어야 했어요. 하지만 그때는 저도 초보 아빠였으니까요.

조그만 것에도 눈물을 곧잘 흘리고 기가 죽는 둘째를 보면서 제가 이제까지 쏟은 관심과 사랑이 아이에게는 다르게 전달되고 있다는 사실을 깨달았습니다. 혼낼 일이 있어도 꾹 참고 많이 안아주

1부_아빠가 된다는 것

며 사랑한다는 말과 칭찬을 자주 해주었습니다. 그러자 서서히 자신감을 회복하더니 기죽지 않고, 예전의 장난꾸러기로 돌아갔습니다. 어느 날 사과를 깎아주고 급하게 출근 준비를 하는데 둘째 아이가 제게 뭔가를 내밀더라고요. 포크로 집은 사과 조각이었습니다. 사과 한 알을 형과 반으로 나눠줘 자기 몫이 많지도 않았을 텐데 그 중 한 조각을 떼어주니 가슴이 뭉클했습니다. 그러고 현관을 나서는 제게 "아빠 사랑해요"라고 말하더라고요. 정말 행복했습니다.

부모의 사랑이 자식을
가르치기에 부족하면

한비자(韓非子, ?~BC 233)는 기나긴 전국시대戰國時代를 끝내는 데 결정적으로 공헌한 사상가입니다. 법의 엄격함을 강조한 이른바 '법가法家' 사상가로 분류되죠. 사마천이 『사기열전』에서 칭찬한 『한비자』「오두五蠹」 편에는 '불량한 자식(부재지자不才之子)' 이야기가 나옵니다. '두蠹'는 나무 속을 파먹는 좀벌레로, 나라의 기생충 같은 사람을 비유한 말입니다. 그리고 '불량한 자식'이란 능력이 뒤떨어지거나 성향이 좋지 못한 교만한 자식을 일컫죠.

만약 불량한 자식이 있어 부모가 노해도 고치려 하지 않고 마을 사람이 꾸짖어도 움직이려 하지 않으며 스승이나 어른이 가르쳐도 바꾸려 하지 않는다고 하자. 도대체 부모의 사랑과 마을 사람의 지도와 스승이나 어른의 지혜라는 세 가지 미덕이 가해져도 끝내 움직이지 않고 털끝만치도 고치지 않다가 마을의 관리가 관병을 끌고 공법을 내세워 간악한 사람을 잡으려고 하면 그 이후에야 두려워하며 생각을 바꾸고 행동을 고치게 된다. 그러므로 부모의 사랑이 자식 가르치기에 부족하며 반드시 주부의 엄한 형벌을 기다려야만 된다는 것은 백성이 본래 사랑에는 기어오르고 위협에는 듣기 때문이다.

– 『한비자』, 「오두」

아이에게 끌려다니는 부모의 정신이 번쩍 들게 하는 말입니다. 부모의 권위를 제대로 쓰고, 분위기를 장악하는 지혜와 따뜻하게 보듬어주는 감성이 조화를 이루어야 자식의 교만과 게으름을 깨뜨릴 수 있죠. 부모 스스로가 감당이 안 된다면 외부의 도움을 받는 것도 좋은 방법입니다. 방학 때 제가 가르치던 아이의 부모님이 예절교육을 보내시는 걸 봤어요. 배우는 시간도 몇 주 정도 되었고, 비용도 꽤 들었지만 괜찮은 프로그램이라고 생각했습니다.

집에서 모든 교육이 이루어지면 그보다 좋은 일이 없지만 집에서 할 수 없는 일은 바깥에서 폭넓게 구해야 합니다.

아이는 내가 아니고
나도 아이가 아니다

　아이를 잘 설득하기 위해서는 '라포 형성'부터 하라는 게 한비자의 주장입니다. '라포(rapport)'는 프랑스어로 '다리를 놓다'라는 뜻입니다. 심리 상담을 할 때 상담 선생님이 편안하고 쾌적한 분위기를 만들고 천사처럼 친절하게 대해주는 까닭은 라포 형성이 좋은 심리 상담의 첫 번째 조건이기 때문입니다. 라포 형성은 심리 상담자와 내담자뿐 아니라 기자와 취재원, 선생님과 제자, 부모와 자식 등 대부분의 관계에서 요구되는 필수 덕목이기에 많은 사람들이 관심을 갖고 익히려고 노력하죠. '라포'라는 말이 생기기 이미 2천년 전에 전국시대에 제후들을 설득하려고 애썼던 유세가들 역시 라포 형성에 무척 공을 들였습니다. 상호 신뢰관계가 형성되지 않은 상태에서는 아무리 논리적으로 설득하려 해도 되지 않으니까요.

　아이를 왕이라고 생각하고 부모가 아이에게 바라는 모습을 아이에게 설득한다고 생각해보십시오. "남에게 자기 의견을 진술하기"나 "자기의 지식으로 남을 설득시키기", "과감하게 자신의 생각을 다 펼치기"는 어렵지 않습니다. 정말 어려운 것은 "설득시키려는 상대의 마음을 알아내 거기에 자기 의견을 맞출 수 있는가"(『한비자』, 「세난」) 하는 점입니다. 그러니까 엄마나 아빠 스스로가 생각할 때 아이에게 최선을 다하는 것은 어려운 것 축에도 끼지 못한다는 뜻입니다. 어려운 것은 아이의 마음을 알아내 한편이 되는 것입니다.

아이는 내가 아니고 나도 아이가 아닙니다. 하지만 저는 아이와 지내면서 이 평범한 사실을 자주 잊어버립니다. 한비자가 「세난」 편에서 궁극적으로 하고 싶었던 말은 내가 '그 자신'이 되어보는 것입니다. 아이가 아빠를 아빠로도 보고 친구로도 보고 선생님으로도 보듯이, 아빠 역시 아이를 여러 가지 관계로 보아야 합니다.

만약 부모가 아니라 아이가 되어서 아이의 자랑을 듣게 된다면 정말 자랑스러울 것입니다. 그 마음에 맞춰서 아이에게 반응하면 아이는 눈이 번쩍 뜨입니다. 예컨대 아이가 부모에게 자기가 그린 그림을 자랑했을 때, 아이 자신이 듣고 싶은 반응은 "하늘을 노랗게 그린 거는 참 신기하다"거나 "자동차 바퀴가 네모나면 오르막길에서 미끄러질 일이 없겠다" 같은 구체적인 표현입니다. 부모가 구체적으로 칭찬해주면 아이의 의도와 맞아떨어질 수도 있죠. 그러면 아이는 더 행복합니다.

♥♥♥ ────────────

Q : 저는 아이에게 정성을 다하는데, 아이와의 사이는 왜 엇갈리기만 할까요?

A : 내가 아이는 아니지만 정성을 다해서 아이 마음이 되어볼 수는 있습니다. 너는 아이고 나는 부모가 아니라, 부모도 아이도 인격을 가진 한 사람이지요. 부모와 아이가 인간적으로 연결되어 있어야만 정성이 새나가지 않습니다.

"세상을 잘 다스리는 사람은 (…) 오직 도를 좇아 법을 온전히 "(『한비자』, 「대체」) 할 따름입니다. 강제한다고 법이 되는 것이 아니듯, 힘쓴다고 육아가 되는 것도 아니지요.

7

도움을 주려고 했는데
통제가 되었어요

"우리는 명백한 것조차 못 볼 수 있고, 자신이 못 본다는 사실을 모를 수 있다."
_『생각에 관한 생각』(대니얼 카너먼, 김영사)

심리학으로 일상을
되돌아보다

웹 에이전시 회사를 운영했던 적이 있습니다. 사업이란 게 어떤 건지도 몰랐고, 어떤 준비를 해야 할지도 몰랐고, 어떤 위험이 도 사리고 있는지는 더더욱 몰랐기에 사업이 잘 될 리 없었습니다. 적 지 않은 '인생 수업료'를 내야 했고, 집안에서의 발언권도 약해졌 고, 지금도 타격을 받고 있습니다. 제가 경험했던 실패 중에서 가 장 규모가 컸죠. 합리적인 득실과 가능성을 계산하는 대신 망상적 인 낙관주의에 기초해서 중요한 결정을 해버렸으니까요. 심리학에 서는 이것을 '계획 오류(planning fallacy)'라고 부르더군요. 밑도 끝도

없는 낙관성에 기인했다고 해서 '낙관성 편향(optimistic bias)'이라고
도 부르고요.

　인간은 불완전하다는 말을 부정할 사람은 아무도 없습니다. 하
지만 부모들은 어떻습니까? 부모 역시 인간이기에 불완전할 수밖
에 없을 텐데 완전해야 한다는 강박관념이 적지 않습니다. 계획 오
류뿐만 아니라 우리 일상은 온갖 편향으로 가득 차 있습니다. '편
향'이란 합리적인 사고를 방해하는 요소를 말합니다. 예를 들어 한
달에 두 번 비행기 사고가 났다는 기사를 접한 사람이 비행기 예
약을 취소하고 기차로 교통수단을 바꿨습니다. 심정적으로 이해는
가지만 합리적인 선택은 아니죠. 이를 '가용성 편향(availability bias)'
이라고 합니다. 경험한 기억이 합리적 판단을 지배하는 거죠. '내
가 해봐서 아는데'라는 투의 사고방식도 여기에 들어가죠. 아이들
은 편향이 아직 형성되지 않았기 때문에 편향으로 대하면 소통이
안 됩니다. 아이들의 요구와 반응, 돌발 상황에 무척 능숙하고 자연
스럽게 반응하는 부모들이 있습니다. 하지만 시간을 두고 자세히
관찰하면 빈틈이 하나둘이 아닙니다. 생각하고 관찰하고 대화하는
과정이 보이지 않고 하나의 익숙한 매뉴얼 같아서 슬퍼지더군요.

　'편향'은 왜 일어날까요? 그것은 인간의 생존과 관련된 현상이
라고 합니다. 예컨대 편향이 없다면 운전을 할 때마다 무척 힘들
것입니다. 몸이 무의식적으로 핸들과 브레이크, 액셀, 백미러 등의
상태에 익숙하기 때문에 적은 노력으로 자동차 운전을 무리 없이
할 수 있으니까요. 중요한 건 편향을 제거하는 것이 아니라 '이해'

하는 것입니다.

저는 아이의 마음을 알기 위해서 심리학을 배우지 않습니다. '구멍'을 찾기 위해서 배웁니다. 두 아이가 잘 놀다가 동생이 갑자기 울어버리면 저도 모르게 형을 의심하는 습관을 극복하고 싶기 때문입니다.

부모와 아이 사이의
심리적 장벽들

'휴리스틱(heuristic)'이란 고정관념에 기초한 추론적 판단을 뜻하는 심리학 용어입니다. 『생각에 관한 생각』을 저술한 대니얼 카너먼(Daniel Kahneman, 1934~)이 발전시킨 개념입니다. 책의 원래 제목은 'Thinking Fast and Slow'입니다. 캐너먼은 이 책을 통해 직관을 뜻하는 '빠르게 생각하기(fast thinking)'와 이성을 뜻하는 '느리게 생각하기(slow thinking)'가 인간의 정신을 형성한다는 사실을 밝혔습니다. 이 책에서는 빠른 생각을 '시스템 1', 느린 생각을 '시스템 2'로 표현해 대중들이 행동경제학을 쉽게 접하고 흥미로운 인간의 정신 활동을 살펴볼 수 있게 돕고 있습니다.

저는 이 책을 읽으면서 아이들이 '시스템 1', 부모들이 '시스템 2'의 은유에 어울릴지도 모른다는 생각이 들었습니다. '시스템 1'은 거의 혹은 전혀 힘들이지 않고 자발적인 통제에 대한 감각 없이 자동적으로 빠르게 작동합니다. 아이들이 순간순간 직관적으로 나타내는 반응과 닮았죠. 이에 반해 '시스템 2'는 복잡한 계산을 포함해서 관심이 요구되는 노력이 필요한 정신 활동에 관심을 쏟습니다. '시스템 1'이 오류가 발생하려는 순간을 감지할 경우 '시스템 2'의 감시 활동은 더욱 강화됩니다. 저의 두 아들들은 잘 놀다가도 티격태격 싸우다 동생이 우는 일이 많습니다. 형은 기분 나쁘면 "바보 탱이" 같은 말을 강조하며 자신의 기분을 알립니다. 어른들이 쓰는 욕과 비슷한 표현인 것 같아요. 그러다 저와 눈이 마주치죠. 처음에 저는 그런 말을 쓰지 못하도록 제어하기만 했어요. 처음에는 크게 혼을 내기도 했고, 살살 달래기도 했지만 형의 나쁜 말 습관은 바뀌지 않았어요. 대니얼 카너먼의 설명에 따르면 아이의 나쁜 말을 크게 혼낼 경우 처음에는 움찔하고 안 하려고 하지만 횟수가 늘어날 때마다 '시스템 1'이 아무렇지 않게끔 인식한다고 합니다. '동생에게 나쁜 말을 해서 부모님께 혼나고 말지' 하는 생각이 자리 잡는 거죠. 형의 태도를 바꾸고 싶다면 혼내는 데 의존하는 제 습관을 먼저 버려야 했습니다.

위험한 것은 '시스템 2'가 일어날 확률이 극히 낮은 일에 과도하게 높은 '결정 가중치(decision weight)'를 부여한다는 점입니다. 저자가 자신의 '불쾌한 경험'을 고백하면서 설명했던 점이 인상 깊었습니다.

(버스 자살폭탄 공격이 빈번했던 2001년 12월과 2004년 9월 사이에) 나는 당시 렌터카를 탔기 때문에 버스 탈 일은 별로 없었지

만 그런 나 역시 폭탄 공격의 두려움에 사로잡혀 행동했다는 사실을 깨닫고 그런 나 자신에게 화가 났다. 빨간불에 걸려 도로에서 정지해야 할 때 버스 옆에 정차하고 싶지 않았다. 그럴 때는 신호등이 파란불로 바뀌자마자 평소보다 훨씬 빠른 속도로 차를 몰아 버스와 멀어지려 했다. 나도 모르게 이런 행동을 하는 자신이 부끄러웠다. 물론 나는 그러면 안 된다는 걸 알고 있었다. 사실상 위험률은 무시해도 좋을 만큼 낮았으며, 내가 정말 일어날 확률이 극히 낮은 일에 과도하게 높은 '결정 가중치(desition weight)'를 부과하고 있다는 걸 알았다.

– 『생각에 관한 생각』

아이들이 학교 운동장에서 놀고 있는데 어떤 아저씨가 와서 갑자기 잡아가는 경우는 매우 드문 일입니다. 축구공을 가지고 놀다가 발을 잘못 밟아서 머리가 땅에 부딪치는 일도 드문 일입니다. 하지만 이런 확률 적은 위험이 실제로 부모에게 위협감을 주고 있으며, 아이들은 행동을 제약당합니다. 아이들로부터 위험을 완전히 제거하려는 이런 생각들은 아이들을 더 큰 잠재적 위험에 처하게 하는 행동일 수도 있습니다. 실제로는 위험을 더 키우는 거죠. 세상을 사는 것 자체가 일정한 위험을 내포하고 있습니다. 아이들은 위험에 대한 다양한 '예방 접종'을 맞아야 합니다.

통제할 것인가,
도울 것인가?

『생각에 관한 생각』을 읽으면서 가장 좋았던 것은 아이 앞에서 조금은 자연스럽게 굴 수 있게 된 점입니다. 겸허히 생각하게 만들어주고, 아이의 행동을 지그시 바라볼 여유를 주고, '확신범'이 얼마나 위험한지 알게 해주었습니다. 부모의 생각이 옳다는 것은 착각입니다. '옳아야 한다'는 강박만 있을 뿐입니다. 나도 모르게 아이 앞에 투명 벽을 세워두었다는 사실을 심리학을 통해 발견하고 하나씩 제거한다면 아이와의 관계도 달라질 수 있을 것입니다.

『생각에 관한 생각』에서 배운 '시스템 1'과 '시스템 2' 이야기를 더 해봅시다. '시스템 1'은 빨라서 실수를 잘하니 '시스템 2'가 항상 개입해서 고쳐줘야 한다는 건 편견입니다. '시스템 1'은 '직관'입니다. 아이들은 직관적으로 판단하고 행동합니다. "직관을 고치다가 인생이 복잡해질 수 있다"(『생각에 관한 생각』)는 대니얼 카너먼의 경고에 유의하세요. '시스템 2', 그러니까 비편향적 예측은 정보가 확실할 때나 이례적인 경우에만 옳으니까요. 그야말로 보완하고 수정하는 선에 머물러야지, 무언가를 만들어내려고 해서는 안 됩니다. 부모는 아이 앞에 겸손해야 합니다.

어른이라는 사실이 아이에게 주는 도움은 있을 것입니다. 하지만 그 한계 또한 분명합니다. 부모도 아이도 세상살이 앞에서는 학생에 불과하니까 '선배'로서 적절한 조언을 해주는 데 머물러야 하죠.

어른의 말이 옳고, 뭔가 도움이 된다는 것은 사실인 경우보다 믿음이나 소망인 경우가 더 많죠. 이 한계를 알고 좀 더 겸손해지라고 사람들이 심리학서를 계속 읽나봅니다.

♥♥♥ ──────

Q : 부모의 심리적 오류를 효율적으로 제거할 수 있는 방법이 있나요?

A : 퀴즈쇼에서 '전화 찬스'는 틀리는 법이 없습니다. 섬이 될 바에는 차라리 다도해(多島海)가 되십시오. 『생각에 관한 생각』에도 개인보다 조직이 오류를 더 잘 피할 수 있다고 했죠.

"조직은 개인보다 천천히 생각하고, 질서정연한 절차를 부과할 수 있는 힘을 갖고 있"으니까요.

인문 고전으로 하는

아빠의 아이 공부

2

아이에게
다가가기

1
아이와 의견이 맞지 않아
걱정이에요

"살아생전 너를 만져볼 수만 있다면 난 눈을 되찾았다 말하리."
_『리어 왕』(윌리엄 셰익스피어, 민음사)

분노한 용의 일에
끼어든 죄

아이들은 실질적으로 독립하기 전까지 '부모의 품' 안에 있습니다. '부모의 품'은 한편으로는 '보호'라고 할 수 있지만, 때로는 통제나 억압으로 작용합니다. 부모 마음의 크기가 아이가 숨 쉬는 공간의 넓이를 결정하죠. 잘 자라난 아이들은 독립하고 싶어 하고 자연스럽게 부모와 갈등합니다. 하나의 새로운 세계(아이)가 만들어질 때 기존의 세계(부모)가 이에 협조하는 경우는 드물거든요. 독립을 꿈꾸는 어떤 아이는 부모와 일대 전쟁을 펼치기도 하지만, 대개 아이들은 국지전을 벌이는 게릴라 군인처럼 부분적으로 저항할 수 있을 뿐이죠.

저는 함께 공부하는 아이들과 이런저런 대화를 많이 하려고 노력합니다. 아이들의 마음속에는 부모가 알지 못하는 이야기가 많습니다. 한 번은 잘못 끼어들었다가 큰 낭패를 본 적이 있습니다. '학원 돌리기'에 시달리는 아이였습니다. 영어 끝나면 수학, 수학 끝나면 피아노, 피아노 끝나면 미술. 학교 방과 후 프로그램도 몇 개 하고 있어서 아이의 일정표는 꽉 채워져 있는 상태였지만, 집에 가서도 인터넷 강의를 들으며 학습지를 풀어야 했습니다.

아이와 진지하게 이야기를 나눴습니다. 이렇게 빼곡히 학원을 다니는데 놀 시간이 있느냐고 물었더니 아이 표정이 어두워지면서 엄마가 하라고 한 것은 꼭 해야 한다고 하더군요. 특유의 공명심이 발동해 이 문제에 개입했습니다. 아이의 어머니에게 아이와 솔직하게 대화를 하고 놀 시간을 조금만 더 확보해줄 수는 없겠느냐고요. 제 말을 처음 들은 어머니는 아이가 맨날 논다며 오히려 불평했습니다. 길이 막힌 것처럼 답답했어요. 여기서 멈췄으면 좋았을텐데 저는 다음 번 기회에 이 말을 다시 꺼냈습니다. 어머니는 목소리가 싹 바뀌더니, 선생님이 아이에 대해서 얼마나 아느냐며 화를 냈습니다. '아차' 싶어서 한발 물러났지만 이미 때는 늦었습니다. 그후로는 그 아이를 볼 수 없었습니다. 물론 신뢰관계가 형성되지 않은 상태에서 섣불리 개입해 일을 그르친 것은 제 잘못입니다. 하지만 아주 착실하고 공부도 잘하고 특히 인간적인 학생이었기 때문에 욕심이 났습니다. 이런 아이를 키워낸 부모니까 어느 정도 기대를 했던 것도 사실이고요. 지금도 아이의 어두운 표정이 떠오를 때면 제 표정도 같은 빛깔이 됩니다. 부모들이 '학원 돌리기'를 하는 까닭은 직장 스케줄과 맞추기 위한 것이기도 하지만, 집에서 아이가 게임만 하거나 못된 친구와 휩쓸려 다니지 않을까 걱정되기 때문이기도 합니다. 아이가 움직일 수 있는 시간 자체를 통제하면 '걱정스런 일'을 저지를 확률도 줄어들기 때문에 고심 끝에 내린 결정일 것입니다. 하지만 그건 부모의 일방적인 생각일 뿐이며 그릇된 사랑일 수밖에 없습니다. 아이의 마음이 고려되지 않았으니까요.

부모의 그릇된 사랑이 초래한 '비극 중의 비극'이라 평가받는 『리어 왕』에는 늙은 왕의 충실한 신하 '켄트 백작'이 나옵니다. 입에서 나오는 말보다 더 무거운 침묵의 사랑을 하겠다는 막내딸 코딜리아의 독특한 고백을 듣고 나서 몹시 화가 나 저주를 퍼붓고 유산을 취소하는 왕에게 목숨을 걸고 간언했다가 추방당하는 인물입니다.

차라리 쏘십시오, 갈라진 살촉이
제 심장을 뚫더라도, 리어가 미쳤을 땐
켄트가 무례하죠. 이 노인아, 어쩌려고?
권력자가 아첨에게 절할 때 신하가 두려워서
말 못 할 줄 아시오? 주상이 우둔할 땐
직언이 명예로운 법이오.

– 『리어 왕』

이렇게 말한 켄트 백작은 어떻게 되었을까요? 리어 왕은 처음에는 "켄트는 입 다물라. 분노한 용의 일에 끼어들려 하지 마라!" 하고 경고했다가 켄트 백작이 말을 안 듣자 "짐이 내린 판결과 권한에 간섭하려 하였는데/ 그건 짐의 기질이나 지위로는 못 참는바/ 짐의 권능 발동하여 너에게 보답하마. 너에게 닷새를 주겠노라"라는 말과 함께 추방령을 내립니다.

『리어 왕』을 읽으면서 그 아이 일을 떠올렸습니다. 어떤 말로도 부모의 뜻을 바꾸지는 못했을까? 내가 개입할 자격이 있을까? 내가 틀린 건 아닐까? 리어 왕의 신하 켄트가 꼭 그 심정이었을 것입니다. 하지만 저는 지금도 확신하지 못하고 흔들립니다. 똑같은 상황이 찾아오면 켄트 백작은 똑같이 행동하겠지만, 저는 다르게 말할 것 같습니다.

누구나 리어왕의
운명에 처한다

『리어 왕』은 개인과 가정, 국가, 그리고 자연과 운명이라는 문제를 다룰 뿐 아니라 청년에서 노년에 이르기까지 인생 전반에 대한 문제를 광범위하게 다루고 있는 대작입니다. 고대 브리튼 왕국의 늙은 왕 리어가 자식에게 배신당하고 광야로 내쫓겨 광기를 일으키고 끝내 죽음을 맞이하는 비극입니다. 안타까운 것은 리어 왕이 겪는 비극은 모두 스스로 초래한 운명이라는 사실입니다. 문제의 발단은 아버지 리어의 '잘못된 질문'으로부터 시작됩니다.

> 딸들아 말해 봐라.
> 짐은 이제 통치권과 영토의 소유권 및
> 국사의 근심을 떨치려고 하니까
> 누가 짐을 이를테면 가장 사랑하는지.
> 그래서 효성과 자격 갖춰 요구하는 딸에게
> 최고상을 내릴 수 있도록.
>
> ─『리어 왕』

"권력자가 아첨에게 절할 때"라는 표현이 딱 들어맞는 '충성맹세'를 하라는 강요처럼 보이는 이 기괴한 질문에 두 딸은 아버지가 듣고 싶어 하는 말을 하고 땅을 획득합니다. 비싼 돈을 받고 말을 판 것이죠. 문제는 '믿었던 딸' 코딜리아입니다. 그의 사랑은 말로는 표현할 수 없기에 침묵할 수밖에 없고 "내 사랑은 내 입보다 무거울 테니까"(『리어 왕』)라는 확신밖에 줄 것이 없었습니다. 아버지는 말을 들어야겠고, 딸은 말을 할 수 없으니 파국은 불 보듯 뻔합니다.

"입 열고 말하면 빈약해질 사랑으로 모든 한계 다 넘어 전하를 사랑하옵니다"(첫째딸 고너릴의 말)라는 말과 "저는 가장 민감한 인간의 감각이 누리는 다른 모든 기쁨을 적이라 공언하고 오로지 전하의 귀중한 사랑 속에서만 행복"(둘째딸 리간의 말)하다는 말을 들어보세요. 얼마나 달콤합니까? 내 아이가 이런 말을 했다면 넘어가지 않을 부모는 없겠죠? 부모가 듣고 싶어 하는 말과 진실한 말은 같을 수가 없습니다. 듣고 싶어 하는 말보다 진실을 선호하는 부모를 둔 아이들은 천만다행이지만, 그 반대의 경우라면 아이들은 애써 적응해야 합니다. 자기가 하고 싶은 말을 숨기고 부모가 듣고 싶어 하는 말을 꺼내는 연습을 고통스럽게 해야 하죠. 사랑하는 부모를 위해서 논리적이지 않은 말과 행동을 끊임없이 연습하는 아이를 생각해보십시오.

고너릴과 리간처럼 '이중 사고(double think)'를 하는 아이의 마음이 건강해질 수 있을까요? '이중 사고'는 소설가 조지 오웰이 암울한 미래를 그린 소설 『1984』에서 처음 쓴 표현입니다. 건강한 아이들은 '이중 사고'를 거부하고 부모에게 저항합니다. 부모가 듣고 싶어 하는 말을 거부해서 말을 아예 하지 않거나 자신의 말을 하죠.

'이중 사고'를 모르는 코딜리아는 아버지에 대한 사랑의 한계를 분명히 했고 아버지가 기대하는 만큼의 사랑을 선언할 수 없다는 점도 분명히 했습니다. 그게 아버지를 사랑하는 딸의 의무라고 생각했습니다. 코딜리아는 이 말에 따르는 박해를 피하지 않았고 평생 동안 소신을 지켰죠. 리어 왕은 가장 사랑하던 막내딸의 봉토에서 여생을 보내고 싶은 소박한 욕구 때문에 '사랑 경연 대회'를 열었을 것입니다. 리어 왕이 너무 큰 욕심을 부렸나요? 진실이 아닌 말을 강요한 리어는 모든 것을 잃어버리고 목숨도 잃는 비참한 운명을 피할 수 없었습니다.

부모가 원하는 답을
하지 않는 아이

> 언니들이 아버님만 사랑한다 말할 거면
> 남편들은 왜 있지요? 제가 만일 결혼하면
> 제 서약을 받아들일 그분은 제 사랑과
> 걱정과 임무의 절반을 가져갈 것입니다.
> 전 분명코 언니들처럼 아버님만 사랑하는
> 결혼은 절대로 않겠어요.
>
> - 『리어 왕』

저는 막내딸 코딜리아가 서릿발 같은 아버지 면전에서 했던 이 말이야말로 자식과 좋은 관계를 맺는 힌트라고 생각합니다. 아이의 말이 부모의 뜻에 맞지 않는 것이야말로 건강하다는 증거가 아닐까요? 아이가 고분고분하고 말 잘 듣기를 바라는 건 부모의 자연스러운 욕망이지만, 욕망을 현실화시키려고 무리수를 두다 보면 불행해지기 마련입니다.

부모는 리어 왕처럼 자식에게 자신이 원하는 답을 강요해서도 안 되고, 아이가 자신이 원하지 않는 말이나 행동을 하는 경우에도 존중해야 합니다. 아이가 어려서 아직 올바른 판단을 하지 못한다고요? 마흔 넘은 저도 어머니 앞에서는 어린 자식입니다. 그것은 마음의 문제일 뿐이죠.

중요한 것은 리어 왕의 전철을 우리가 밟지 않을 수 있느냐 하는 것입니다. 이들은 세상의 상식을 따랐을 뿐입니다. 자녀의 문제가 상식으로는 해결되지 않는다는 깊은 성찰을 불행한 운명을 통해 몸소 보여줬죠. 『리어 왕』에서 배운 귀한 말은 "겉 아첨 속 멸시"입니다. 둘째 아들의 거짓말에 속아 귀한 자식을 내쫓고 만 어리석은 글로스터 백작을 아버지로 둔 에드거의 말이죠. 혹시 제가 아이들에게 이걸 가르치고 있지는 않은지 돌아봅니다. 어린아이들은 형세形勢 때문에 부모에게 대놓고 반항할 수는 없지만 마음속으로는 멸시할 수 있습니다. 고너릴과 리간이 아버지에게 했던 것처럼. 이 마음이 자라지 않도록 어리석은 강요는 하지 말아야 하고, 자신이 옳다고 생각한 행동을 한 번쯤은 의심해볼 필요가 있습니다. 부모가 원하지 않는 말을 하는 아이를 존중하고 그 생각을 열어주는 열린 자세! 이것이 『리어 왕』을 통해 배운 것입니다.

♥♥♥ ─────────────

Q : 아이와 의견 다툼이 생겼을 때 어떻게 대응해야 할까요?

A : 벼가 익으면 고개를 숙이듯, 아이들의 의견이 익어갈 때 부모도 고개를 숙여 귀를 기울여야 합니다. 말싸움이 끝나도 앙금은 오래 남으니까요. 아이가 스스로의 의견 속에서 모순을 발견하고 좋은 결론을 찾으려면 부모의 입장이 너무 강하지 않아야 합니다. 결국은 아이가 옳게 되니까요.

"그렇게 오랫동안 버티신 게 놀랍지요. 당신의 허울만 살아계셨었는데"(켄트 백작)라는 말을 들을 때는 이미 늦은 걸요.

2

아이의 감정적 고통을
어떻게 줄여줘야 하나요?

"우리들이 원인을 인식하는 한에서 슬픔은 슬픔이기를 멈춘다."
_『에티카』(베네딕트 데 스피노자, 서광사)

철학이 육아에
끼친 영향

저는 "저도 과자 주세요"와 "저는 왜 과자 안 주세요?"의 차이가
뭔지 몰랐어요. 스피노자의 『에티카』를 읽고 나서부터는 긍정적인
표현방식과 부정적인 표현방식을 구분하기 시작했습니다.

"기쁨은 인간의 더 작은 완전성에서 더 큰 완전성으로 이행하는
것"이고 마찬가지로 "슬픔은 인간의 더 큰 완전성에서 더 작은 완
전성으로 이행하는 것"(『에티카』)이니까요.

과자를 달라고 하는 건 과자를 먹는 기쁨이 핵심입니다. 하지만
과자를 왜 안 주느냐고 묻는 것은 당장 과자를 못 받은 슬픔이 핵

심입니다. 같은 상황이지만 전혀 다른 해석이 될 수밖에 없고, 마음도 해석 방식에 영향을 받습니다. '철학'은 질문을 던지는 방법도 바꾸어놓았습니다. 처음에는 '이 아이가 왜 이렇게 부정적인 투로 말하지?' 하고 생각했다가 '이 아이가 부정적으로 말하게 된 데에는 어떤 원인들이 있을까?', '아이가 부정적으로 말하지 않게 하려면 어떻게 해야 할까?' 하는 식으로 변화했습니다. 그리고 그 원인들을 제 자신으로부터 찾는 습관이 생겼습니다. 부모가 부정적으로 반응하였기 때문에 아이가 부정적으로 반응하는 거니까요. 약간 여유 있는 날에 흰 종이를 펼쳐놓고 볼펜으로 가운데에 선을 그었습니다. 한쪽은 긍정적인 행동을 적고 다른 쪽에는 부정적인 행동을 적었습니다. 아이에게 부정적인 말을 했던 기록이 더 많았습니다. "민준아 지각하지 마", "민서야, 삐딱하게 앉지 마", "싸우면 스마트폰 안 시켜줄 거야", "형에게 그런 식으로 말하지 마" 같은 부정적인 표현은 제겐 '쉬운 선택' 같았습니다.

부정적인 표현을 긍정적인 표현으로 바꾸려면 상상력을 발휘해야 하고 많은 노력이 필요하다는 걸 깨달았습니다. "지각하지 마라"를 "오늘 밤은 30분만 일찍 자고, 내일 입을 옷을 미리 꺼내놓고, 아침에 뭘 먹을지 지금 정하자"로 바꾸는 거죠. 잠자는 시간을 규칙적으로 만들기 위해서는 저녁에 낭비되는 시간을 줄여야 합니다. 말로 부정하기는 쉬워도 행동으로 긍정하기는 어려운 법입니다. 하지만 부모가 선물한 '행동의 긍정'은 아이 몸에 평생 새겨집니다.

철학으로 아이들의 고통을
줄여줄 수 있다면

제가 처음 읽었던 철학책은 스피노자(Spinoza, 1632~1677)의 『에티카』였습니다. 대학 시절 '프랑스 문학사'라는 교양 과목을 듣다가 파스칼, 라 로슈푸코 같은 모럴리스트(moralist, 도덕의 중요성을 논하고 실천한 사람)들의 인간 연구에 마음이 이끌리던 차에 함께 읽었던 기억이 납니다.

스피노자의 '인간 감정 연구'는 육아에 유용합니다. '인간 심리'는 인류가 기록을 시작한 이래로 항상 관심을 갖던 주제였지만, 르네상스 시대에 이르러 본격적으로 연구되었죠. 스피노자는 인간의 감정을 48가지로 정리해서 설명했습니다. 그 감정들은 욕망, 기쁨, 슬픔이라는 큰 감정이 섞이는 비율에 따라서 다양하게 변주된 것입니다. 욕망이 없는 아이들은 없죠. "인간의 모든 노력, 충동, 그리고 의지 작용"이 바로 욕망이니까요. 하지만 서로의 욕망이 부딪치기 때문에 큰 싸움이 생기고 불행이 생깁니다. 왜냐하면 "똑같은 인간에서도 상태에 따라 다르며, 서로 다른 방향으로 끌려다니며 자신이 향해야 할 곳을 알지 못하기" 때문입니다.

제가 스피노자의 감정 연구를 아이들 문제에 끌어들이려고 하는 까닭은 아이들의 고통이 너무 크기 때문입니다. 아이들은 어떤 상황에 대해서 대충 넘어가기가 어렵습니다. 부모님이 아이에게 간식을 주면서 흘리지 말라고 한 후, 외출을 해야 할 생각에 빨리 먹으라고 하는 모습을 떠올려보세요. 흘리지 않으려면 천천히 먹어야 하는데 부모님이 빨리 먹으라고 하면 아이의 뇌는 모순된 두 가지 메시지 사이에서 혼란스러워합니다. 이것을 심리학자들은 '더블 바인드(Double bind, 이중 구속)'라고 부릅니다. 한 정신과 의사는 '통합실조증(환각이나 망상으로 사고가 혼란하거나 감정이 불안정해지는 병)으로 어려움을 겪는 환자 대부분이 어린 시절 강한 더블 바인드를 경험했다'(호사카 다카시, 『아이의 뇌 부모가 결정한다』)고 주장했죠.

스피노자는 어린 시절의 마음을 '평형 상태'라고 표현했는데, 연못의 물처럼 바람이나 벌레의 움직임 같은 조그만 자극에도 동요되기 때문입니다. 어린아이는 남이 웃으면 같이 웃고, 남이 울면 같이 울고, 남이 하는 것은 무엇이든 모방하려고 하기 때문에 아이 앞에서 슬픈 생각을 하거나 어두운 표정을 하면 아이에게 그대로 전염됩니다.

아이의 감정적 고통에 대해서 스피노자가 내놓은 해법은 '이해'였습니다. 스피노자는 "우리들이 슬픔의 원인을 인식하는 한에서" 슬픔이기를 멈춘다고 말했죠.

저는 아이와 슬픔의 원인이 된 것에 대해서 차근차근 살피면서 대화를 이어나갑니다. 공부하는 아이들 사이에서 한 아이가 울고 있었습니다. 너무 작은 소리로 울어서 뒤늦게 알았어요. 아이들은 우는 아이를 대수롭지 않게 보았습니다. 만날 그렇게 우니까요. 저는 우는 아이를 보면 슬픔이 연결되는 듯한 기분이 듭니다. 차분히 물어봤더니 친구가 놀렸다고 합니다. 친구는 우는 아이가 기분 나쁘게 말해서 그랬다고 했습니다. 이렇게 대화를 하는 과정에서 아이의 슬픔에 각자 어떤 원인을 제공했는지 밝혀지자 울던 아이의 슬픔이 멎었습니다.

아이가 슬퍼하면
대화하라

아이가 슬퍼하면 저는 대화합니다. 슬퍼하는 아이의 이야기를 가장 먼저, 그리고 가장 많이 듣지만 슬픔으로부터 가까운 거리에 있는 사람들의 말도 많이 듣습니다. 그리고 제가 놓친 것을 생각합니다. 이때 저는 판단을 내리지 않으려고 노력합니다. 재판장이 아니라 기자처럼 행동하는 게 아이에게 도움이 되기 때문입니다. 아이를 슬픔에 빠뜨린 사람을 혼낸다고 하더라도 아이의 슬픔은 큰 위로를 받지 못합니다. '복수'가 아니라 '이해'가 목표가 되어야 합니다. 슬퍼하는 아이와 슬픔에 빠뜨린 아이가 명백한 경우에도 누군가를 죄인으로 만들어서는 안 됩니다. 슬퍼하는 아이 역시 이 일에 책임이 있기 때문입니다.

『에티카』를 육아에 활용하기 전에 저는 누가 슬퍼하면 범인을 색출하는 데 혈안이 되어 있었고, 슬퍼하는 아이를 위해서 대신 복수하는 것이 옳은 일이라고 생각했습니다. 하지만 그것은 간단하지 않은 문제입니다. 아이마다 살아온 환경이 달라서 '감정의 맥락'도 다르기 때문입니다. 때로는 잘못한 아이 입장을 더 살펴줘야 하는 경우도 있고, 피해를 당한 아이에게 먼저 사과를 시키는 경우도 생깁니다. 이것이 바로 스피노자가 말하는 '이해'입니다.

아이들이 한글 떼기 하듯 재빨리 감정 이해를 터득하면 얼마나 좋을까요? 하지만 감정은 그런 식으로 이해되는 게 아니죠. 아기의 피부를 만지듯 조심스럽게 다가가야 합니다. "모든 고귀한 것은 힘들 뿐만 아니라 드물다."는『에티카』의 말을 기억하면서 아이들의 감정을 정성스레 보살필 따름입니다.

♥♥♥ ────────────────────

Q : 아이가 감정 문제로 받는 고통은 어느 정도일까요?

A : 어디가 아프다고 말할 수 있는 사람의 고통은 가늠할 수 있습니다. 아이들은 말할 수 없는 고통에 시달리죠. 아픈 줄도 모르고 있다가 밝혀주면 그제야 눈물을 흘리죠.
개미가 진딧물을 건드려 즙을 얻듯이 아이의 아픈 감정을 건드려줘야 해요. 깊은 슬픔과 고통은 "정신의 사유 능력을 감소시키거나 방해"하니까요.

3

아이를 존중하려면
어떻게 해야 하나요?

> "아이들은 살아가지, 살려고 준비하지 않는다."
> _『존재의 심리학』(에이브러험 H. 매슬로, 문예출판사)

생각이 마비되었던
유년 시절

아이들을 어떻게 보느냐에 따라서 육아의 성격은 달라집니다. 아이를 어린이로만 바라보면 영원히 어린이에 갇히게 되고, 어른으로 대해주면 어른스러워집니다. 맹자도 "군주가 신하 보기를 손과 발처럼 귀하게 여기면 신하 역시 군주를 심장처럼 귀하게 여기고, 신하 보기를 개와 말처럼 천하게 대하면 신하 역시 길에서 우연히 만난 사람처럼 시큰둥하게 대하며, 신하 보기를 흙덩어리나 잡초처럼 대하면 신하 역시 군주를 원수처럼 대한다"(『맹자』, 「이루하」)고 말했죠.

저는 어릴 적에 영악한 장난꾸러기였습니다. 잘못을 저질러 부모님께 야단을 맞으면 세상 모든 죄를 인정하고 용서를 구하는 표정을 지었다가도, 그 순간을 모면하면 다시금 장난꾸러기로 되돌아갔습니다. "너는 혼날 때만 반성하는 척하더라"라던 큰누나의 푸념이 생각납니다.

어릴 적의 특성들을 다시금 떠올린 것은 저와 비슷한 아이들을 접하면서부터입니다. 멍한 눈빛에 스스로 하지 않고 잔소리를 여러 번 해야 마지못해 몸을 움직이는 아이. 잔소리에 의존하면서 잔소리하는 사람을 괴롭게 만드는 아이의 모습은 영락없는 제 어릴 적 모습이었습니다. 이런 아이들은 잔소리를 하면 할수록 생각하는 능력이 마비되는 듯합니다. 스스로 생각하고 행동해야 하는데 자꾸 남으로부터 행동을 강요당하다 보니 자신이 점점 없어지는 거죠. 아무 생각 안 하고 있어도 잔소리 신호에 반응하면 되니까 몸이 여기에 맞게 최적화되죠. 잔소리를 넘어서 혼을 낸다면 더 안 좋아집니다. 그렇다면 방법을 바꿀 수밖에 없습니다.

육아 심리학서를 보면서 '권위'와 '독재'에 대해 다시 생각하게 되었습니다. 저는 권위주의 시대를 거치면서 '권위'에 이상한 반감을 가지고 있었기 때문에 제대로 이해하지 못했던 것 같습니다. '마음챙김(mindfulness)'과 신경과학을 바탕으로 훈육을 새롭게 정의한 『마음으로 훈육하라』(샤우나 샤피로)에서는 육아의 유형을 세 가지로 분류하고 있습니다. 대부분의 가정에서 하는 방식을 '방임형' 또는 '허용형'이라고 합니다. 아이가 하자는 대로 하고 아이에게 끌려다니는 이 방법은, 아이를 무절제한 사람으로 기를 위험이 크고 미국의 경우 마약 중독과 범죄에 노출될 위험이 가장 큰 유형으로 분류됩니다.

아이를 엄하게 단속하는 건 '독재형'이라고 부릅니다. 독재형 양육 방식은 당장은 순종을 얻어낼 수는 있지만 건강하고 지속 가능한 자기 절제력을 키워주지는 않습니다. 항상 부모에게 의존하도록 만들기 때문입니다. 만약 한 선생님이 아이들 기를 확 누르고 순응적으로 만들면서 가르치면, 다음 선생님이 아이들을 맡을 때는 아이들이 갑자기 무너질 수 있습니다.

권위형 양육은 '애정 어린 서열'을 바탕으로 하는 양육 방식을 말합니다. 애정 어린 서열은 아이가 안전하다는 느낌이 들게 하는 데 필요한 체계와 경계를 제공합니다. 권위형 양육을 하는 부모를 둔 아이들은 다른 아이처럼 장난을 잘 치고 엉뚱한 행동도 잘 하지만 부모의 권위를 분명히 인지합니다. 예컨대 부모에게 반말을 주로 쓰는 아이는 부모와 친구 관계의 혼란을 일으키기 때문에 부모가 권위와 책임을 발휘해야 할 때 제한될 수 있습니다. 직장 동료와 "형님" "아우" 하면서 말을 편하게 하는 경우 공적인 일을 할 때 장애물이 되는 것과 같은 이치입니다. 권위형 양육은 아이가 자기 내면의 권위자(inner authority)와 자기조절 기제를 만들도록 해주는 방법입니다.

"허용적 양육태도는 양육 면에서는 높지만 성숙의 기대, 통제,

의사 소통 면에서는 낮았다. 독재적 양육태도는 성숙의 기대와 통제 면에서는 높지만 양육과 의사소통 면에서는 낮았다. 그리고 권위 있는 양육태도는 4가지 차원에서 모두 높았다. 즉, 권위 있는 양육태도는 유아의 높은 자기존중감과 사춘기의 자아정체감 확립과도 연관이 있다."

- 『마음으로 훈육하라』

이 책에서 언급한 '부드러운 독재자'는 이상적인 부모의 모습을 제대로 표현했다고 생각합니다. 힘으로 윽박질렀다고 해서 아이들이 착해지는 것이 아니죠. 아이들이 진정으로 바뀌는 힘은 '부드러움'입니다. 수동적인 아이들이 마음속에 '자기 권위'를 가졌으면 좋겠습니다.

어린이의 대변인을 자처하는 까닭

21세기 심리학자로 불리는 에이브러햄 매슬로(Abraham H. Maslow, 1908~1970)는 미국의 심리학자이자 철학자입니다. 그의 심리학은 '인본주의 심리학'이라고도 부르고 '제3심리학'이라고도 부릅니다. 매슬로는 저에게 아이를 바라보는 관점을 만들어준 고마운 심리학자입니다. 저는 어린이의 대변인을 자처하고 어린이에게 '편파적인 어른'으로서 부모를 만납니다. 아무리 어린이라 할지라도 몇 가지만 보완하면 어른의 훌륭한 동료로서 손색이 없습니다. 미래의 어른으로 인정해주고 한 팀으로 세상을 헤쳐 나가는 거죠. 결국 시간이 지나면 아이와 어른은 같이 늙어가겠지만 저는 그 시점을 조금 앞당기고 싶습니다. 매슬로를 보면서 더 이상 망설이지 않게 되었죠.

매슬로의 인본주의 심리학은 인생의 두 측면, 즉 "개인적인 측면과 사회적 측면"이 서로 관련되어 있음을 깨닫게 해주었습니다. 왜 책의 제목이 『존재의 심리학』인지 매슬로의 설명을 들어볼까요?

> 이러한 심리학은 수단보다는 목적, 즉 궁극적 경험, 궁극적 가치, 궁극적 인지 그리고 목적으로서의 인간에 관심을 두고 있기 때문에 나는 이를 존재의 심리학(Being-psychology)이라고 부르기로 했다.
>
> – 『존재의 심리학』

『존재의 심리학』이 아이를 기르는 데 중요한 까닭은 아이를 존재 그 자체로 존중하는 심리학이기 때문입니다. 학교 교육은 프로이트 심리학의 영향을 받고 있습니다. 초 · 중 · 고등학생들은 덜떨어지고, 불안정하고, 멍청하고, 철없고, 개념 없는 철부지 취급을 받습니다. 사회에 불만이 많고 반항하는 학생은 '문제아'라고 부르죠. 프로이트 심리학에서 아이를 바라보는 관점이 바로 이와 같습니다. 프로이트 이론에 의하면 "아동은 변화를 꺼려하고 싫어하기 때문에, 그들이 선호하는 편안하고 비활동적인 단계에서 새로운 갈등 상황으로 그들을 계속적으로 내몰아야만 한다"(『존재의 심리학』)고 합니다. 프로이트는 무의식을 발견했고 현재 속에는 과거가 살고 있다는 사실, 과거의 경험이 현재에 커다란 영향을 미친다는 사실을 발견했지만 아이들이 이미 불완전하지 않은 완성된 존재인 점에 대해서는 밝히지 못했습니다. 매슬로는 프로이트가 밝혀놓은 '나머지 반쪽'을 완성하는 게 자신의 일이라고 말했습니다.

『존재의 심리학』은 가장 높은 단계의 욕구인 '자기실현 욕구'를 완성시킨 사람들에 대한 이야기입니다. 자기실현을 하는 사람들은 의존 성향이 없는 게 특징입니다. "자신의 욕구를 충족시킬 수 있는 자질을 다른 사람에게서 끄집어낼 필요도 없고, 남들을 도구로 보지도 않"(『존재의 심리학』)죠.

이런 경향은 동서를 불문하고 소양을 갖춘 지성인이 보이는 모습입니다. 그들은 조급해하지 않고 좀처럼 놀라는 일도 없습니다. 인생사 크게 기뻐할 것도 없고 크게 슬퍼할 것도 없으니 담담하게 균형을 잡을 뿐이죠. 저는 매슬로의 '문제 중심적 인간'이라는 말을 좋아합니다. 문제에 집중하기 위해서는 솟아나는 감정을 절제해야 합니다.

아이가 형편없는 성적표를 가져오면 혼을 내는 부모들은 다음에도 썩 좋지 못한 성적표를 받을 확률이 큽니다. 학교 공부와 성적, 성실함, 규칙적인 학습 습관 등의 문제에 집중하기보다는 시험을 못 본 일에 집중해서 혼을 내기 때문입니다. 부모들은 종종 문제의 핵심을 놓치면서 아이만 잡는 경우가 있습니다. 저도 자존감이 아주 높은 편은 아니어서 어떤 문제가 생겼을 때 문제에 집중하기보다는 자기 중심적으로 생각하며 스스로 상처를 입기도 했습니다. 어떻게 하면 문제 중심적으로 행동할 수 있는지 자꾸 연습하니 불필요한 피해의식을 줄일 수 있었고, 무엇보다도 아이와 문제의 핵심에 대해서 집중적으로 대화할 수 있었습니다.

매슬로에게 배운
권위 있는 어른

『존재의 심리학』을 읽고 아이들을 기르고 가르치는 데 좀 더 자신감을 가질 수 있었습니다. 아이들을 엄하게 꾸짖고 떠들지 못하게 하고 다른 사람의 공부를 방해하지 못하게 해야 한다는 강박관념에 빠지면 제 모습이 아닌 다른 모습으로 아이들을 상대하게 됩니다. 이 책을 읽기 전의 저는 일제시대의 '마름'처럼 아이들을 다그치고 공부를 하게 만들어야 좋은 교육자라는 상식에 짓눌렸던 것 같아요. 매슬로는 이것이 편견임을 밝혀주었습니다. 진짜 어른다운 모습, 권위 있는 어른의 모습을 생각하기 시작했죠.

심리학자들은 아이들에게 어른다운 모습으로 다가가기 위해서는 '수용적' 태도를 가져야 한다고 말합니다. 수용적 태도란 적극적인 개입보다는 경청과 관찰을 하면서 아이를 존중하고 아이의 마음을 있는 그대로 읽어주는 자세죠. 아이가 이상한 행동을 했을 때 몰아붙이려는 습성을 버리고 아이가 그 행동을 한 이유나 감정

등에 대해서 차분히 마음을 열고 받아들이면 대화가 자연스럽게 이루어집니다. 지나친 장난꾸러기는 나름대로 필연적인 이유를 가지고 있기에 원인 분석에 더 신경을 써서 결국 선한 본성을 찾아내야 합니다. 선한 본성이 없는 아이는 없거든요. 아이가 어떤 외부적인 자극이나 좋지 않은 환경에 영향을 받았다면 그건 아이의 잘못이 아니죠. 이걸 알아줄 수 있다면 아이와의 대화는 좋은 방향으로 바뀝니다.

아이를 있는 그대로 바라보기 위해서는 어른 스스로가 있는 그대로의 모습이어야 합니다. 사실 아이 양육에서 이 부분이 가장 힘듭니다. 아이의 잘못으로 돌리면 간편하지만, 결국은 어른 자신의 문제라는 사실을 인정해야만 진전이 가능하죠. 우리는 '자기와의 싸움'이라는 말을 많이 합니다. 그런데 왜 아이에 대해서는 부모 스스로와의 싸움이 되지 않고 '아이와의 싸움'이 될까요? 아이가 있다고 해서 자기와의 싸움이 멈추는 것은 아닐 텐데 말이죠. 자기 스스로를 충분히 존중하는 부모와 자신의 감정 문제를 아이에게 옮기지 않는 부모는 아이를 존중하는 데에 탁월합니다. 결국 남는 문제는 부모 자신입니다.

저는 아이들과 신경전을 벌이면서 제 자신을 잃어버린 모습을 여러 번 발견했습니다. 자기 자신을 잃어버린 것은 아닌지 신경 써서 보지 않으면 어느새 부모 자신은 없고 아이만 남아 있는 상황에 놓이게 됩니다. 저는 '아이 때문에 인생을 희생한다'는 어른들의 말을 좋아하지 않습니다. 부모가 자기 인생을 희생해서 아이를 키운다는 사실이 아이에게 반가운 소식일까요? 부모의 존재가 없어지는데도 말입니다. 자기 존재를 잃어버리면 아이의 존재도 점점 사라집니다. 아이를 위해서 자기 삶의 많은 부분을 포기하는 것은 아이와 '의존 관계'를 만드는 것입니다. 부모가 누구에게도 의존하지 않고 스스로의 선택을 존중할 때 아이도 자기 존재에 대한 자신감을 가질 수 있습니다.

♥♥♥ ──────────────

Q : 아이들은 아직 성숙하지 않으니 적절한 통제는 불가피한 것 아닌가요?

A : 일제(日帝)가 우리를 그렇게 다뤘죠. 아이는 매일 성숙합니다. 성숙하지 않다고 생각하는 건 관념일 뿐이죠. 난초처럼 물을 주고 말을 걸어주고 만져주세요. "건강한 쪽으로 나아갈 수 있는 인간의 가능성"을 인정하는 게 양육의 핵심이 되어야 합니다.

4

아이들의 질문 세례에
일일이 답해야 하나요?

"어른들은 아무리 봐도 아주 아주 이상해."

_『어린 왕자』(앙투안 드 생텍쥐페리, 열린책들)

어린이의
자비심

저는 아이들과 대화할 때 어른처럼 굴지 않으려고 노력합니다. 어른처럼 굴면 아이들은 입을 닫거든요. 어른처럼 굴지 않고 진지하게 대해야만 아이들은 방어를 풀고 색다른 모습을 보여줍니다.

어린이를 잘 살펴보면 어른보다 나은 점이 꽤 많습니다. 다른 것은 몰라도 두뇌 활용에 관해서는 아이들을 따라갈 수 없죠. 연구에 따르면 아기의 두뇌가 완전해지기 위해서는 초당 180만 개라는 놀라운 수치의 새로운 시냅스가 한데 묶여야 한다고 합니다.

'시냅스'는 신경계의 신경 세포(神經細胞, neuron)가 신호를 보내는 역할을 할 수 있도록 하는 도구입니다. 신경 접합부의 수가 많을수록 뇌는 더욱 복잡해지고 아동의 사회적·창의적·지적인 능력이 강해집니다. 그러니까 아이들의 두뇌는 여울물처럼 신경 접합부가 활발히 연결되는 중이고, 어른들은 아이들에 비하면 연못에 가깝죠. 어른과 대화할 때는 제 두뇌와 감각세포가 크게 반응하지 않지만, 아이와 대화하거나 어린아이를 돌볼 때는 온몸이 아주 활발히 반응하는 것도 같은 이유라고 생각합니다.

저는 아이들을 가르치거나 뭔가 좋은 것을 심어줘야겠다는 생각은 거의 하지 않습니다. 제가 아이들과 생활하면서 집중하는 것은 '가위'가 되지 말아야겠다는 점 하나입니다. 아이가 열심히 시냅스 연결을 하고 있는데 제가 가위로 잘라버리는 것을 여러 번 목격했거든요. 일곱 살 둘째에게 혼자 세수를 하고 있으라고 했더니 그 작은 몸으로 세숫대야에 들어앉아 있더라고요. 이 광경을 보는 순간 기가 막히고 화도 좀 났어요. 하지만 저도 몸집이 작았을 때 세숫대야에 올라갔던 기억이 떠올랐습니다. 폭풍 잔소리가 나오는 입을 틀어막듯이 하고는 "네 몸무게를 세숫대야가 견디지 못하고 부서지면 날카로운 조각에 찔릴 수 있으니 조심해야 해"라고 말하고 그쳤습니다.

아직도 아이를 가르쳐줘야겠다고 생각하는 부모님, 아이들은 미숙해서 항상 감시해야겠다고 생각하는 부모님, 아이의 단점만 생각하는 부모님, 아이를 올바른 방향으로 키워야겠다고 생각하는 부모님, 아이를 강하게 키워야겠다고 생각하는 부모님 들은 『어린 왕자』를 천천히 살펴봐야 합니다. 작가 생텍쥐페리의 말처럼 "어른들도 처음엔 다 어린이"였고, 시인 보들레르의 말처럼 어른은 "마음껏 되찾은 어린 시절에 불과"하니까요.

아이들이
질문하는 까닭

인생의 반을 비행기 안에서 보낸 비행사이자 작가 생텍쥐페리(1900~1944)의 작품을 읽을 때는 비행기로 여행을 하는 듯한 느낌을 가지는 게 좋습니다. 『어린 왕자』에서 이야기를 이끌어가는 사람도 불시착한 비행기의 조종사죠. 어린 왕자도 비행기 여행을 하듯 별을 옮겨다니죠. 혼자 비행기를 조종하면서 아름다운 수많은 광경을 볼 수 있다는 건 하나의 특권이지만 무척 쓸쓸한 일이기도 하죠. 『어린 왕자』를 읽을 때마다 느껴지는 쓸쓸함은 어떤 말로도 표현하기 힘들어요.

『어린 왕자』의 언어는 어렵지 않아요. 초등학교 고학년 정도면 읽을 수 있습니다. 하지만 글 안에 수많은 은유와 상징, 아포리즘이 담겨 있어서 읽는 사람의 읽은 횟수와 나이에 따라 다양하게 변주됩니다. 『어린 왕자』는 어른에 대한 조롱과 풍자로 가득하지만 어른을 아끼고 사랑하고 연민하는 진심이 담겨 있기에 담담히 받아들일 수 있습니다. 저에게 『어린 왕자』는 '한 번 읽고 두 번 읽고 자꾸만 읽고 싶은' 책입니다. 아이의 입장에서 스스로를 돌아보고 싶을 때나 아이의 마음을 가늠하고 싶을 때 샘물처럼 목을 축이는 작품이기도 하죠.

> 내 별을 떠나선 어디를 가도 찾아볼 수 없는, 이 세상에 단 한 송이밖에 없는 꽃을 생각해 봐. 어느 날 아침 조그만 양이 뭣도 모르고 이렇게 단숨에 없애버릴지도 모르는 그 꽃을 내가 사랑한다고 해봐. 그런데 그게 중요한 일이 아니란 말이야?
>
> – 『어린 왕자』

제 집에는 두 명의 어린 왕자가 있고, 이웃집에도 두 명의 어린 왕자가 있죠. 공부방에는 수십 명의 어린 왕자와 어린 공주가 있습니다. 만남의 결은 다르지만 관계하는 방법은 비슷합니다. 학생처럼 뒤로 물러나 질문하고 관찰합니다. 아이들이 저를 한심하게 보지 않을까 두렵기도 합니다. 그들은 언제나 마음속으로만 저에 대한 평가를 하기 때문이죠. 『어린 왕자』가 부모들에게 더없이 좋은 지침서인 까닭은 어른을 염두에 두고 말하고 있기 때문입니다. 작품의 헌사에서 작가는 "나는 이 책을 어른에게 바친 데 대해서 어린이들에게 용서를 빈다"고 선언했습니다. '어른 비판서'로 매우 유용한 이유이기도 하죠.

어린 왕자가 어른인 제게 던지는 질문과 비판은 송곳처럼 날카로워 심장이 저릴 정도입니다. "(장미가 양에게 단번에 먹힐 거라면) 가시는 무슨 소용이 있는 거야?", "전하께선…… 무얼 다스리십니까?", "그럼 별을 소유하면 아저씨에게 무슨 소용이 있는데요?" 같은 질문은 단번에 대답할 수 있는 게 아니죠. 어린 왕자가 던진 질문에 대답해보려고 궁리하다가 한참이 흘러가버린 적도 있습니다. 어린 왕자뿐 아니라 현실의 어린이들도 많은 질문을 합니다. 아이가 다양한 질문을 하는 것은 자신을 둘러싼 세계를 생각으로 만지작거리는 거죠. 질문을 받은 사람이 아이에게 성실하게 대답할수록 아이는 세상을 생생하게 만질 수 있어요. 예컨대 둘째는 엄마가 어디 갔는지 물어봅니다. 직업 특성상 정기적으로 야근을 한 지 꽤 오래 되어서 첫째는 이해하지만, 둘째는 아직도 적응이 안 되는 것 같습니다. 매주 같은 시간이 되면 성심성의껏 답변을 해주지만 때로는 짜증이 날 때도 있죠. 알 만한 애가 자꾸 슬픈 얼굴로 물어보니까요. 그러고 나서 "엄마 다른 일 하면 안 돼요?"라고 묻습니다. 말문이 막힙니다. 현실적으로 불가능하지만 아이들의 질문이란 꼭 대답해야 하는 것이 아니라 질문 그 자체의 의미를 살펴봐야 하는 것도 있습니다. 둘째는 두 개의 질문을 통해서 자신의 감정과 우리 가족의 현주소를 정확하게 표현한 것이니까요.

질문하지 못한 말을
찾아내는 기술

"지금쯤 아침 식사 시간이 아닐까요. 친절을 베풀어 제 생각을
좀 해주시겠어요?"

"호랑이 따윈 무서울 게 없지만 그래도 바람은 끔찍해. 바람막
이 같은 건 없나요?"

- 『어린 왕자』

질문이 좋은 결론을 찾아가는 과정이라고 말할 수 있다면, 질문
을 많이 던질수록 좋은 결론을 찾을 확률은 높아지겠죠. 처음부터
정곡을 찌르는 질문이란 건 있을 수 없습니다. 장미는 자기 마음을
솔직하게 드러내는 걸 어려워하고, 마음에도 없는 말과 질문으로
어린 왕자를 힘들게 했습니다. 때로는 자기가 묻는 질문이 무슨 뜻
인지도 모르죠. 『어린 왕자』 이야기 안에서 아이들의 모습에 가장
가까운 것은 '장미'가 아닐까 합니다. 부모는 아직 어리고 부모 노
릇이 낯설기에 '어린 왕자'에 가깝습니다. 어린 왕자가 장미의 마
음을 몰라주듯 부모는 아이의 마음을 몰라줍니다. 그리고 어린 왕
자처럼 후회하죠. 우리가 아이의 질문에서 중요한 단서를 놓치는
까닭은 '말'에만 주목하기 때문입니다.

아이가 하지 못한 말은 무엇일까요? 어린 왕자가 작별인사를 하
고 자신을 떠나려고 했을 때 장미는 마지막까지 헛발질을 하죠. 장

미의 질문을 통해서 장미가 하려던 이야기를 유추해보겠습니다.

> "나비는 정말 아름답다는데. 나비 말고 누가 나를 찾아와주겠어?
> 너는 멀리 가 있겠지."
>
> – 『어린 왕자』

장미는 어린 왕자를 사랑하지만 사랑한다고 말하는 대신 어린 왕자를 당황스럽게 하는 질문을 하고 온 신경을 집중하게 만들었죠. 그 결과 어린 왕자는 꽃을 의심합니다. 나중에 어린 왕자는 '꽃이 아무렇지도 않게 한 말을 너무 심각하게 받아들인 탓에 몹시 불행해졌다'고 회상했죠. 왜 나비 얘기를 꺼냈을까요? 마지막까지 장미는 자신의 방식으로 사랑을 표현한 것입니다. 상대방의 질투를 유발해서 결정을 번복하게 만들려고 작전을 짜는 거죠. 어린 왕자가 이 마음을 알아챌 리 없습니다.

둘째가 사촌 형과 다퉜습니다. 둘째는 사촌 형에게 함부로 대하고, 사촌 형은 말로 해도 될 것을 때리고 맙니다. 저는 둘째에게 방에 가서 얘기를 하자고 말했습니다. 그 때 둘째의 질문이 기가 막혔습니다.

"혼낼 거잖아요?"

둘째를 방으로 데리고 가서 편을 들어줬습니다. 그리고 싸움이 나게 된 원인을 차근차근 설명해줬습니다. 둘째의 질문에는 많은 의미가 담겨 있습니다. 부모님이 자기편을 들어줄지 믿을 수 없다는 생각과 자기편을 들어줬으면 하는 바람이 동시에 들어 있죠. 그리고 자신도 억울한 부분이 있다는 점을 강조하고 있습니다. 당시에는 아이의 질문에 대해서 이렇게 구체적으로 분석할 수 없었죠. 그저 아이의 예상대로 혼내면 안 될 것 같다는 생각만 들었습니다. 만약 아이의 '말'에만 집중해서 "혼날 짓을 하면 혼나야 하는 거 아니니?" 하고 차갑게 대응했다면 어떻게 되었을까요?

부모님들은 아이의 엉뚱하고 기막힌 질문을 '퀴즈'처럼 생각할 때가 있습니다. 쉽게 답을 내죠. 아이의 질문을 그런 식으로 풀었다가는 대화의 문이 닫혀버릴 거예요. 부모가 아이의 질문을 귀담아 들어야 하는 까닭은 아이가 미처 언어로 표현하지 못한 마음을 파악하기 위해서입니다. 장미의 질문을 파악하지 못해 어린 왕자가 사랑을 잃었던 이야기를 자세히 살펴볼 필요가 있습니다. 부모님과 아이 사이에도 벌어질 수 있는 일이니까요.

아이와의 관계에서
피해야 할 질문

"바람막이는요?"

"가지러 가려던 참이었는데 당신이 자꾸 말을 했잖아요."

– 『어린 왕자』

장미의 반복되는 질문에 어린 왕자는 짜증이 폭발하고 말았습니다. 아이는 부모가 귀찮을 정도로 질문 세례를 퍼붓습니다. 하지만 부모가 아이에게 이런 식으로 질문하는 건 곤란합니다. 많은 아이들은 질문을 힘들어합니다. 아이들은 사소한 대목을 그냥 지나치지 않기 때문에 누가 질문을 하면 대답을 하려고 낑낑대고, 이런 일이 반복되면 갑자기 짜증을 내는 일도 있습니다. 특히 자기 자신과 직접적인 관련이 있는 질문은 자주 하지 않는 게 좋습니다. 아이가 학교에서 친구에게 놀림을 받거나 매를 맞았을 때 걱정이 돼 매일같이 아이에게 괴롭히거나 놀리는 친구는 없는지 물어본다면 어떻게 될까요? 아이는 앞으로 부모님께 자기를 괴롭히는 아이에 대해서 이야기하면 안 되겠다고 생각할지도 모릅니다.

아이와 소통하기에 가장 부담 없고 효과가 있었던 질문은 대답을 해도 되고 안 해도 되는 질문이었습니다. 아이와 직접적인 관계가 없으면 더 좋습니다. 아이는 질문을 받으면 관심을 갖게 되고 자기 자신과의 연관성을 떠올리면서 대답하기 때문에 자기와 관계 없는 질문을 받더라도 결국 자기 이야기를 하죠. 이것이 제가 애용하는 '낚시 질문'의 기술입니다. 만약 아이의 학교나 어린이집에서의 생활이 궁금하면 학교에 갔을 때 아이들이 수돗가 앞에서 싸웠다든지, 학교 주변을 돌면서 청소하는 아이들이 멋져 보였다든지 하는 이야기를 하면서 관심을 유도합니다. 그러면 아이는 월요일에는 2학년이 줍는 시간이고 무슨 요일에는 몇 학년이 한다는 식으로 이야기합니다. 정말 물어보고 싶은 질문이 있다면 두 번째나 세 번째에 슬그머니 끄집어내는 게 좋습니다. 일단 이야기가 시작되면 아이는 어떤 질문에도 답할 수 있는 상태가 되거든요. 하지만 첫 번째 질문이 흥미롭지 않으면 대답을 하지 않거나 딴소리를 할 수 있죠. 그래서 질문의 배치도 중요합니다.

제가 대학에서 철학을 공부할 때 교수님들과 선배들이 내내 강조한 건 '질문'이었습니다. 세상을 변화시키는 것은 답이 아니라 질문이었다는 말을 생각한다면 아이의 질문을 결코 가볍게 볼 수 없습니다. 아이가 뱉은 질문을 조목조목 살펴보면 아이의 마음을 이해하는 데 큰 도움이 될 것입니다.

♥♥♥ ─────────────────────

Q : 아이가 이것저것 물어보면 어떻게 대응하는 게 좋을까요?

A : 꼭 궁금한 게 있어야 질문하는 게 아닙니다. 자기가 뭘 궁금해하는지 모를 때도 질문합니다. 질문 꽃이 피어나 어디로 가지를 뻗을지, 여기저기 만지작거리는 게 어린이의 질문입니다. 아이의 질문이 하나의 생명임을 안다면 절대 단답식으로는 대답할 수 없을 거예요.

"한번 질문을 던지면 절대로 포기하지 않는" 어린 왕자처럼 답변한다면 훌륭한 꽃을 구경할 수 있을 거예요.

5
아이에게 어느 정도의
자유를 허용해야 할까요?

"상상력이란 야생동물과 비슷해서 가둬두면 번식하지 못한다."
_『나는 왜 쓰는가』(조지 오웰, 한겨레출판)

자유로부터의 도피,
자유를 위한 투쟁

아이들은 '무조건' 자유롭고 싶어 합니다. 무거운 학습 부담으로부터 자유롭고 싶고, 부모님의 잔소리로부터 자유롭고 싶고, 금지된 게 너무 많은 억압으로부터 자유롭고 싶어 합니다. 밤늦은 시각에 버스정류장이나 학원 앞에서 교복을 입은 학생들을 볼 때마다 마음이 아픕니다. 아이들의 자유가 밤늦게까지 교복과 학원에 갇힌 셈이니까요. 물론 좋은 대학에 가기 위해서 자신의 자유를 희생하고 열심히 노력하는 모습은 칭찬받아 마땅하죠. 하지만 이런 상황을 만든 어른들은 어떻습니까?

제 아이들은 아직 어리지만 좀 더 자라면 중·고등학생도 되고 군대도 갈 것입니다. 저는 아버지들께 묻고 싶습니다. 우리 아이들의 자유가 이 정도면 괜찮은 거냐고? 부모들도 초등학교 때부터 빽빽한 스케줄에 허덕이며 학원 다니고 밤늦게까지 공부했나요? 세대가 지날수록 자유는 점점 줄어들고 있습니다. 자유를 만끽하지 못한 아이들은 자기 자식들에게 풍부한 자유를 선사할 수 있을까요? 저는 유년 시절뿐 아니라 학창시절에도 놀 만큼 놀았습니다. 메뚜기와 개구리를 잡으면서 놀았고, 지네와 조개를 잡다가 팔았고, 바닷가에서 밥 대신 굴을 따먹었습니다. 어린 시절을 무척 자유롭게 보냈다고 자평할 수 있습니다. 하지만 제 아이들이 저보다도 자유롭지 않은 삶을 살아간다면 저는 죄를 지은 기분이 들 것입니다. 시간이 지날수록 자유가 더 커져야 한다고 생각하거든요.

아이의 입을 막지 않고
마음을 말하게 하는 것

명료한 문체로 사회 부조리를 고발하고 전체주의를 비판하고 민주사회주의를 열망했던 작가 조지 오웰(George Orwell, 1903~1950)은 『동물농장』과 『1984』, 두 권의 소설 작품으로도 유명합니다.

오웰은 아버지의 얼굴을 보지 못했을 정도로 외로운 유년 시절을 보냈고 온갖 열등감에 시달렸습니다. 유년 시절을 불우하게 보낸 사람들은 일찍부터 사회에 대한 불만을 가지고 있죠. 불행한 소년이 독서와 좋은 교육을 만나면 사회의 부조리한 구조를 깨뜨리거나 개선하는 데 인생을 걸고자 하는 욕구가 생기기 마련입니다. 조지 오웰이 그런 경우입니다.

> 나는 나에게 낱말을 다루는 재주와 불쾌한 사실을 직시하는 능력이 있다는 걸 알았고, 그것이 나날이 겪는 실패를 앙갚음할 수 있게 해주는 나만의 세상을 만들어준다는 느낌을 받았다.
>
> - 『나는 왜 쓰는가』, 「나는 왜 쓰는가」

제가 조지 오웰을 사랑하고 그의 글을 빼놓지 않고 읽으려 하는 까닭은 드물게 '언행일치言行一致'가 되는 작가이기 때문입니다.

오웰은 밑바닥 인생을 알기 위해서 노동자임을 자처해 가장 열악한 노동현장으로 뛰어들었고 이를 『위건 부두로 가는 길』 등을 통해 세상에 알렸습니다. 저는 아이들에게 오웰에게 배운 언행일치와 '가정에서의 언론 자유'를 선물하고 싶습니다.

> 1년 전쯤(1945) 펜클럽 대회에 참석한 적이 있다. … 도덕적인 자유(섹스 문제를 지면상에 터놓고 이야기할 자유)는 대체로 인정받는 분위기였는데, 정치적인 자유는 아예 언급이 되지 않았다. 수백 명이 모인 자리에서(아마도 그중 절반은 문필업과 직접적인 관련이 있는 이들이었으리라) 언론의 자유 문제를 건드리는 사람은 단 한 명도 없었던 것이다. … 우리 시대엔 모든 게 공모하여 작가를, 또

그 밖의 모든 예술가를 하급 관리로 만들어버린다.

- 조지 오웰, 『나는 왜 쓰는가』, 「문학 예방」

부모들도 하급 관리처럼 행동하고 있지는 않나요? 어른이라면 자유에 관한 자신의 관점을 가져야 하고 이에 근거해 실천해야 합니다. 자유를 제한하는 제도, 특히 학생들의 자유 제한에 대해서 대화하고 토론해야 합니다. 무비판적으로 아이들의 상황에 순응해서는 안 됩니다.

아이들이 어른처럼 자신의 불만을 능숙하고 자유롭게 이야기할 수 있을까요? 조지 오웰이 말하는 '언론의 자유'는 누군가 말해야 하고, 말하고 싶은 불만을 대신 말하는 것입니다. 이 부분이 육아에서 매우 중요합니다. 아이의 입을 틀어막지 않고 마음을 말하게 하는 것에서 나아가, 부모가 아이의 입을 대신해서 말해주는 적극적인 자세가 바로 가정에서의 언론 자유입니다.

오웰 부부는 아이가 없어서 리처드를 입양했습니다. 1946년 초 리처드가 채 자라지도 못했는데 불행하게도 아내가 먼저 세상을 떴습니다. 모든 사람들은 오웰이 리처드를 고아원에 보낼 거라고 예상했죠. 하지만 오웰은 아이를 끝까지 스스로 키웠습니다. 아이 육아에 헌신한 오웰은 "어린 시절을 완전히 다시 겪는 기분"이라고 썼죠. 저는 이것이 진정한 자유라고 생각합니다. 아이가 자유에 짐이 되기에 아이로부터도 자유로워져야 한다는 생각은 편견이죠. 아이를 버리는 것은 자신의 자유를 위해서 남의 자유를 빼앗는 것이기 때문입니다. 모든 사람의 자유를 위해서 나의 자유를 조금 희생하는 것이야말로 진정한 자유이며, 조지 오웰이 글과 실천으로 표현하고자 했던 자유의 모습입니다.

아이들에게 언론 자유를 선사하는 방법

『엄마는 딱 알아』(채송화)라는 그림책이 있습니다. 저는 이 책이 가정에서의 언론 자유를 잘 표현해준다고 생각합니다. 두어 살 남짓한 여자아이는 말을 제대로 못합니다. 가족들은 아이의 말을 못 알아들어서 엉뚱한 걸 줍니다. 뒤늦게 귀가한 엄마는 아이가 아는 것을 딱 알아맞힙니다. 아이들은 왕성한 욕구와 불만에 비해서 이를 표현할 언어 능력이 덜 발달했습니다. 이 상황에서는 아무리 언론 자유를 줘도 아이들은 누릴 수 없습니다.

아이가 자신의 욕구와 불만을 정확한 언어로 표현할 때까지는 부모가 읽어줘야 합니다. 우리 집에서는 둘째 아이가 할 말을 잘하는 편이지만 첫째 아이는 꿍해 있는 경우가 잦습니다. 먼저 다가가 말을 걸어주고, 무슨 일이 있었는지 물어봐야 그제야 자신의 마음을 이야기합니다. 이 책의 출발점이 된 첫째의 한마디 "아빠랑 놀고 싶은데, 아빠는 나가버려"도 슬픈 얼굴을 한 아이에게 다가가 살며시 물었기 때문에 들을 수 있었죠.

가정에서의 언론 자유는 말할 수 있는 분위기를 만들어주는 것이 가장 중요합니다. 아이들이 말을 하지 못하게 일부러 억압하는 부모는 없지만 아이들이 할 말을 제대로 할 수 없는 환경을 제거해야 합니다. 항상 잊지 않고 말할 기회를 주고 아이의 말을 제대로 번역해서 다른 가족에게도 들려주는 게 중요합니다.

시골집에 놀러갔을 때 바다에서 둘째 아이가 발바닥에 상처를 입어 먼 길을 업고 온 적이 있었습니다. 그 자리에 함께 있었던 다섯 살 난 조카는 오는 내내 할머니에게 힘들다고 했습니다. 하지만 할머니도 갓난아기를 업고 있었기 때문에 손주를 업어줄 형편이 아니었습니다. 조카는 먼 길을 혼자 걸어왔습니다. 다음날 아침 가족들에게 어제 일을 이야기해주면서 둘째 아이에게 고맙다는 인사를 하라고 했습니다. 조카가 힘들어했을 부분을 보듬어주고 끝까지 잘 걸어와 자랑스러웠다고 모두 앞에서 칭찬해주었습니다. 이 역시 언론 자유의 하나라고 생각합니다. 어른이 아이의 입을 대신해주는 거죠.

♥♥♥ ────────────────────

Q : 아이에게 자유의 느낌을 선물하고 싶어요.

A : 세상이 무너져도 소일할 수 있는 취미를 가르치세요. 치열하고 살 떨리는 생의 한가운데에서도 일상은 있는 법이니까요. 저는 취미생활을 할 때 언제나 살아 있다는 자유를 느낍니다.

"감금을 견딜 수 있는 건, 자기 안에 위안거리가 있는 배운 사람들뿐"(『나는 왜 쓰는가』, 「스파이크」)이라는 말처럼 고상한 취향은 스스로를 보호할 수 있는 안전장치입니다.

인문 고전으로 하는
아빠의 아이 공부

3

우리 아이
낯설게
보기

1

어떤 게 아이의 진짜
모습인지 모르겠어요

천의 얼굴을 한 아이는
천 가지로 성장한다

　첫째와 둘째의 탯줄을 끊은 경험은 제 일생에서 언제나 세 손가
락 안에 드는 큰 사건일 것입니다. 첫째는 태어나자마자 눈을 떴고
둘째는 정신없이 울었어요. 그런데 한 가지 신경 쓰이는 게 있었
어요. 첫째는 나면서부터 이목구비가 뚜렷했지만 둘째는 뭔가 흐
릿했어요. 아이의 큰고모가 둘째를 보더니 "얘는 왜 이리 흐릿해?"
라고 하더라고요. 저도 처음에는 몰랐는데 첫째와 비교되니까 속
상하기도 했죠. 하지만 아이의 얼굴을 가지고 일희일비할 것은 아
니죠.

둘째는 이목구비가 꽤 선명해졌고 개구쟁이다운 얼굴을 하고 온 가족을 유쾌하게 만들어줍니다. 아이들이 자라면서 애태우는 일이 늘었죠. 아침에는 천사, 점심에는 악마, 저녁에는 또 악마, 잠잘 때는 천사. 아침저녁으로 뜯어고친다는 '조변석개朝變夕改'가 아니라 아침에만 수십 번 바뀌는 '조변조개朝變朝改'라는 신조어를 만들어야 할 정도죠. 아침에는 밥도 안 먹겠다, 유치원에도 안 가겠다, 하면서 울고불고하던 아이가 저녁에 밝은 얼굴로 "아빠 죄송합니다"라고 하는 상황을 어떻게 받아들여야 할지 난감했던 적도 한두 번이 아니었죠. 그때 알았어요. 아이들은 끊임없이 변한다는 사실을. 그것이 아이들다운 모습이죠. 어떤 게 아이의 진짜 모습인지 모르시겠다고요? 모두 다 아이의 진짜 모습이랍니다.

아이들은 모습과 습성뿐 아니라 감정과 사고도 달라집니다. 그것을 '성장'이라고 부르죠. 아이들의 성장 속도는 부모가 생각하는 것보다 훨씬 빠르죠. 사람은 누구나 자기 처지에 대해서만 생각합니다. 그래서 많은 사람을 만나고 많은 경험을 해야 아이도 어른도 성장이 가능합니다. 저는 공부방을 하면서 다양한 연령대의 아이들을 겪었어요. 그 많은 아이들은 저마다 성격이 달라서 제가 아는 정보량을 금방 압도하더라고요. 저는 대학 전공 서적인『발달심리학』을 읽으면서 아이들의 연령별 성향과 변화 양상을 파악했어요. 나이가 들면서 사람의 몸과 마음은 어떻게 변화하는지 전체를 차분히 살피니 큰 도움이 되더라고요. 아이들의 성장 변화에 대한 심리학서들을 읽으면서 얻은 가장 큰 수확은 아이들의 여러 가지 변화의 모습을 '건강'의 증거로 볼 수 있었고, 긍정할 수 있었다는 점입니다. 지금의 아이 모습만 보는 것이 아니라 아이가 자라서 어느 연령에 도달하면 어떤 현상을 보이는지 자세한 정보가 서점에 가득합니다. "멀리 보지 않으면 얼마 지나지 않아 근심이 닥친다"(『논어』, 「위령공」)는 말도 있잖아요. 조금만 부지런을 떨어서 아이가 앞으로 밟게 될 나이의 모습, 특히 부모에게 반항하게 되는 사춘기 시기를 유심히 살펴두면 아이와 좋은 관계를 유지할 수 있을 것입니다. 이번에는 제가 경험하며 깨달은 아이의 놀라운 성장담을 하나 소개하려고 합니다. 『서유기』라는 성장소설입니다.

만물은
서로 돕는다

『서유기』는 삼장법사와 3명의 제자들이 불교의 대승大乘 경전을 구하기 위해 서역으로 떠난 뒤, 14년 동안 10만 8,000리를 여행하며 겪게 되는 81가지의 재난을 온갖 지혜와 능력으로 극복해내는 이야기입니다. 저자가 살던 시기는 명나라 말이었죠. 당시 도교의 맹신자였던 세종은 불교를 무자비하게 탄압하고 요망한 도사들과 밤낮 종교 의식에만 몰두해 정사를 돌보지 않았죠. 백성들은 온갖 착취와 부패에 고통스러워했습니다. 저자는 『서유기』라는 소설에 가공의 인물을 등장시켜 세태를 풍자했습니다. 저는 『서유기』를 통해서 불교와 도교의 풍부한 세계를 구경할 수 있었어요. 또한 도사로 둔갑해 스님을 노예로 다룬 차치국에 가서 세 요괴를 멋지게 물리친 손오공이 임금에게 타이르는 장면을 통해 성숙한 사상을 맛보았을 뿐 아니라 철이 든 손오공의 모습도 볼 수 있었죠.

> "이제 오늘 요사스런 무리들이 모조리 소탕된 것을 보았으니, 우리 선문禪門에 도道가 있다는 사실을 분명히 알았으리라 믿소. 앞으로는 두 번 다시 치우치는 말에 귀를 기울여 듣지 말고, 삼교三敎를 하나같이 신봉하여 승려도 공경하고 도사도 존경하며 유능한 인재를 많이 길러내시기 바라오. 그래야만 폐하의 강산을 영원히 굳힐 수 있을 것이오."
>
> – 『서유기』

『서유기』에 등장하는 인물들은 하나같이 결함이 있죠. 손오공은 성질이 급하고, 저팔계는 탐욕스럽고, 사오정은 우유부단하고, 삼장법사는 귀가 얇습니다. 이들이 그 먼 길을 떠나서 경전을 가져올 수 있을지 걱정이 될 정도입니다. 특히 삼장법사가 문제입니다. 손오공이 요괴의 정체를 알고 말리지만 범태육골凡胎肉骨, 즉 평범한 안목을 가진 삼장법사가 노인이나 아녀자, 어린이로 둔갑한 요괴를 알아볼 리 없습니다. 오히려 요괴의 감언이설에 금방 빠져들죠. 손오공은 근두운을 타고 순식간에 하늘 끝이든 바다 속이든 갈 수 있지만, 삼장법사는 강을 건너려고 해도 배를 빌려야 하니 먼 거리를 어느 세월에 가겠습니까? 바로 그 조건이 저는 무척 인상 깊었습니다.

삼장법사 멤버의 결함은 한 사람 안에 담긴 결함일 수도 있고, 한 가족 안에 담긴 결함일 수도 있습니다. "만물은 서로 돕는다"는 진리를 『서유기』처럼 기가 막히게 묘사한 작품은 드뭅니다. 가족 구성원 중 한 명은 손오공처럼 천방지축 원심력이 작용하고, 다른 사람은 삼장법사처럼 굼뜨지만 중심을 잘 잡아가는 구심력이 작용합니다. 원심력과 구심력의 조화가 바로 참다운 '팀'의 모습 아니겠습니까?

저팔계는 틈만 나면 스승에게 손오공을 헐뜯어 벌 받게 하고 팀에서 이탈하려고 합니다. 요괴가 있는지 알아보고 온다고 해놓곤 풀밭에 누워서 단잠을 자다가 손오공에게 들킨 적도 있습니다. 하지만 삼장법사와 손오공이 온갖 지혜를 써서 타이르고 유혹해 끌고 갑니다. 처음엔 저도 답답했어요. '저팔계 빼면 안 되나?' 하고요. 하지만 책을 읽으면서 왜 일행들이 저팔계를 포기할 수 없었는지 알게 되었죠. 저팔계도 큰 몫의 일을 해내는 일원이었죠. 다 죽어가는 손오공을 살려낸 것 역시 저팔계였습니다. 저는 삼장법사 팀이 가지고 있는 멋진 목표에 주목하고 싶습니다. 멋진 목표가 있기에 끌어안고 처음 본 많은 사람들도 응원을 해주죠. 우리 가족에게는 이런 멋진 목표가 있을까 생각하니 멋쩍어 쓴웃음만 나오더군요.

부모의 속을 썩이면서
성장하는 아이들

"도道가 한 자 높아지면, 마魔는 열 자나 높아지는 법"이라는 말은 『서유기』 전체의 흐름을 한마디로 압축한 표현입니다. 처음에는 주인공들 앞에 애교 넘치는 요괴들이 등장해 면접시험 같은 분위기를 풍겼다가 본격적으로 길을 떠나면서 '장난이 아니구나' 하는 압박감을 줍니다. 반가운 사실은 '재미' 역시 깊어진다는 점입니다. 81가지나 되는 재난을 겪다 보면 반복되는 것도 있고 지루해질 법도 하지만 이야기꾼들의 생존 능력 덕분인지 역량 덕분인지 뒤로 갈수록 흥미로운 게 『서유기』의 매력이죠.

『서유기』에서 배울 만한 점은 '말의 자유'입니다. 걸핏하면 서로 욕하고 스승에게도 노골적으로 조롱하고, 스승도 제자에게 철없이 떼를 씁니다. 점잖은 욕과 온갖 조롱과 풍자에 읽는 제가 카타르시스를 느낄 정도입니다. 서로 싸울 때면 '점잖'이라든지 '스님' 같은 이미지는 금세 잊힐 정도죠. 하지만 무례한 말의 홍수에서 진한 애정이 느껴지고 자유롭다는 느낌이 듭니다.

아이들이 부모에게 보이는 다양한 모습은 때로는 매우 모순되고 뒤죽박죽 이해가 안 될 때가 많죠. 하지만 이것은 부모에게 편협한 시선으로 아이를 바라보지 말라는 신호일지 모릅니다. 삼장법사 멤버들이 가지고 있는 다양한 모습과 그들이 겪는 실로 다양한 사람들과 재난들도 '커다란 어울림'입니다. 우리는 그걸 '카오스'라고 부르죠. 아무 의미 없이 뒤섞여 있는 것 같지만 그 안에는 분명한 질서와 메시지가 담겨 있습니다. 만약 모든 아이가 부모 속을 썩이지 않으면서 성장한다면 세상은 아무것도 바뀌지 않겠죠. 변화도 성장도 없이 정체되겠죠.

삼장법사는 어느 날 안 하던 행동을 합니다. 으레 수제자 손오공에게 맡겼던 밥동냥을 직접 나선 것입니다. 코앞에 인가가 있어서 그랬기도 했지만 태도에 변화가 생긴 것입니다. 곧바로 요괴들에게 사로잡혀 안타깝기는 하지만 삼장법사도 긴 여행을 통해서 성장했다는 걸 보여주기 충분하죠. 아이가 성장함에 따라 부모도 성장할 수 있고, 성장해야 합니다. 부모와 자식 간의 애착도, 대화도, 관계도 마땅히 성장해야 합니다.

♥♥♥ ───────────────

Q : 아이의 빠른 성장 속도가 버겁고, 아이의 질문이 두려울 때가 있습니다.

A : 까마귀가 자라면 어미에게 먹이를 물어다 주듯, 아이도 자라면 부모를 사랑하는 마음도 커질 것입니다. 아이가 크면 부모보다 힘도 세지고 지식도 많아지죠. 하지만 두려워하지 마세요.

"군자는 떳떳하게 큰 길을 걸어야지, 지름길로 가서는 안 된다"라는 『서유기』 속 말처럼 그저 부모의 도리와 정성을 다하면 그만입니다.

2
아이가 너무 어둡고
부정적인 건 아닌지 모르겠어요

"이곳에서 우리는 여러 가지 광경이나 소리나
냄새를 접하면서 참고 견뎌야 하지."
_『암흑의 핵심』(조지프 콘래드, 민음사)

어두운 기억이 많은
아이들

아이들에게는 크고 작은 어둠이 있습니다. 아이들은 웃으면서 말하지만, 자세히 들어보면 소름 돋는 추억도 많습니다. 한 여자아이의 말이 아직도 섬짓하고 가슴 아픕니다. 아빠가 칼을 들고 엄마를 위협하는 걸 봤고, 얼마 안 있어 엄마와 함께 밤에 몰래 집을 도망쳐서 아빠가 찾을 수 없는 먼 곳으로 달아나버렸다고 합니다. 한 남자아이는 아버지에게 죽을 만큼 얻어맞고 기절했다고 말했습니다. 더 가슴 아픈 건 이런 이야기를 하는 아이들의 표정이 공포에 질리거나 고통스럽기보다는, 담담하고 심지어 밝기까지 했다는 것입니다. 처연한 아이들의 이야기를 들을 때 겉으로는 아무렇지 않은 척하지만 사실은 비통합니다. 아이들과 대화를 더 이어가기가 두려울 정도로요.

우리의 유년 시절을 돌이켜봐도 꽤 어두운 기억이 많습니다. 오죽하면 '내면아이'라는 심리학 용어까지 등장했겠습니까? 심리학자 프로이트는 노이로제와 성격장애를 연구하면서 우리의 일생 동안 '풀리지 않은 어린 시절 부조화의 결과(unresolved childhood conflicts)'를 처음으로 밝혀냈습니다.

제 어린 시절은 죽음에 근접해 있었습니다. 태어난 지 3개월 만에 시작된 병마와의 싸움. 급성폐렴과 림프성 결핵, 그리고 대정맥 절단. 죽음에서 가까스로 빠져나왔을 때 제 몸은 이미 황폐해져 감기만 걸려도 6개월 넘게 달고 다녔습니다. 아버지의 죽음도 가까이에 있었습니다. 여덟 살 무렵의 여름에 아버지는 목마를 태우고 바다 깊은 곳까지 걸어 들어가셨습니다. 목까지 차오르는 바닷물을 한없이 들이켜며 저는 아버지의 머리채를 사정없이 잡고 흔들었습니다. 어린 나이지만 '아빠가 나랑 같이 죽으려나 보구나' 하고 느꼈을 정도였습니다. 아버지는 스스로를 '뱃놈'이라고 부르며 당신의 직업을 저주하셨습니다. 이 때문에 유년 시절에 저는 배를 타본 기억이 거의 없습니다. 배를 타면 저도 '뱃놈'이 될까 봐 두려워하셨으니까요. 배에서 술을 마시고 바다로 뛰어들려는 충동을 여러 번 느꼈다고 제게 말씀하시기도 하셨습니다. 저는 오랫동안 죄책감에 시달렸던 것 같아요. 비교적 최근에 어머니께 "제가 아버지의 인생을 잡아먹은 건 아닌지 모르겠어요" 하고 고백한 적이 있습니다. 어머니는 절대 그렇지 않다고 말씀하셨습니다. 고통과 어두움을 되돌아본다는 것은 힘든 일이지만 조셉 콘래드의 대표작 『암흑의 핵심』을 통해 탐험해볼까 합니다.

암흑의
다양한 얼굴

　유럽 제국주의를 예리하게 비판한 작품으로 정평이 나 있는 『암흑의 핵심』의 작가 조셉 콘래드(Joseph Conrad, 1857~1924)는 1890년 꿈에도 그리던 아프리카 콩고 강을 운행하는 기선의 선장이 됩니다. 콘래드의 콩고 체험은 그의 인생뿐만 아니라 사회를 보는 시각을 근본적으로 바꿔버리죠. 『암흑의 핵심』은 아프리카의 벨기에령領 콩고의 어느 회사 소속 기선 선장으로 취직한 말로가 내륙 깊숙한 곳에서 빛나는 실적을 올린 주재원 커츠를 데리고 나오는 이야기입니다. 화자인 말로는 콘래드 자신의 분신인 셈이며, 『암흑의 핵심』은 자전적 성격의 소설 작품입니다.

　누구나 마음속의 어둠을 피할 수 없다는 점에서 『암흑의 핵심』 같이 어두운 이야기는 성장에 필수적이죠. 하지만 우리는 얼마 전까지만 해도 손바닥으로 해를 가리려는 듯 어두운 이야기를 애써 외면해왔습니다. 출판 시장에는 오로지 예쁘고 아름답고 즐거운 이야기들로 넘쳐났습니다. 그 결과 어린이들은 발달 과정에서 반드시 알아야 하는 어두운 주제들을 배우지 못하고 몸만 훌쩍 커버리죠. 그리고 자신의 어두운 감정에 대해서 왜곡된 생각이나 비좁은 감정의 틀에 갇힐 가능성이 큽니다.

> 경찰관이니 이웃이니 하는 사소한 것들이 사라지고 나면 자네들은 자신의 타고난 힘에 의존해야 하고 또 스스로 충실하게 살수 있는 능력에 의존해야 해. 물론 자네들이 너무 바보스러워서아예 잘못된 길로 들어서는 일조차 없을 수도 있고, 또는 너무 우둔해서 어둠의 힘으로부터 공격을 받으면서도 그것을 모르고 지낼 수야 있겠지.
>
> – 『암흑의 핵심』

존셉 콘래드는 작품 속에서 '아프리카'와 '아프리카인'에 대한 유럽인 일반의 인식 수준을 잘 포착했습니다. 왜 아프리카에 가지 않느냐는 주인공의 물음에 같은 회사 소속의 젊은이는 "내가 겉으로보이는 만큼 바보는 아니니라"라는 '플라톤의 말'을 인용하며 아프리카에는 절대 가지 않겠다는 결연한 자세를 보입니다. 주인공 말로를 취직시켜준 사교계의 저명한 인사인 숙모 역시 "수백만에 달하는 무지한 원주민들을 그네들의 그 무시무시한 풍습으로부터 떼어내야 한다"고 말할 정도였죠. 커츠의 주재소 말뚝에 박혀 있는 원주민들의 목을 가리키며 '반항자'라고 부른 것은 어떻습니까? 콘래드는 커츠가 살고 있는 '아프리카 콩고 밀림의 내륙 깊숙한 곳'이라는 표면적인 '암흑' 이외에도 다양한 암흑의 변주를 보여줍니다. 특히 암흑을 이루는 여러 가지 요소를 변주하는 모습은 이 소설의 백미라고 생각합니다.

커츠가 임종할 때 남겼던 일성은 "무서워라! 무서워라!"였지만, 말로는 커츠의 약혼녀에게 그녀의 이름을 부르고 죽었다고 거짓말을 합니다. 감히 진실을 말할 수 없었던 모양입니다. 저는 거짓말을 들은 커츠 약혼녀의 반응을 듣는 순간 숨이 막혔습니다. "저는 그걸 알고 있었습니다. 그걸 확신하고 있었지요." 진실을 믿기보다는 믿고 싶은 것을 믿는 작품 속 유럽인들의 편협한 시각은 아이에 대해서 믿고 싶은 것만 믿는 부모의 시각과 묘하게 겹칩니다.

아이의 암흑을 함부로 제거하려 들지 말라

『암흑의 핵심』에서 가장 인상적이었던 부분은 암흑의 이중성입니다. 우리의 온갖 공포심을 자극하는 아프리카 오지라는 표면적인 암흑과 개개인이 꼭꼭 숨기고 있는 '감춰진 암흑'을 인정사정없이 드러내죠. 아침이 오면 밤이 찾아오듯 사람의 내면도 밝음과 어둠이 교차합니다. 하지만 많은 이들이 어둠에 대해서 잘 알지도 못하면서 두려운 나머지 무조건 몰아내려고 하기 때문에 문학과 예술에 종사하는 사람들은 '어둠의 수문장'이 될 수밖에 없죠.

제 첫째 아이는 어렸을 적에 개를 굉장히 무서워했습니다. 개만 보면 몸을 움찔하면서 피하기 바빴죠. 그때 저는 이 문제를 어떻게 해야 할지 몰랐어요. 개가 오면 아이 곁에 가게 하지 않으려고 몸으로 막아서거나 쫓아내기 일쑤였죠. 그건 큰일 날 행동이었다는 사실을 뒤늦게 알았어요.

『행복한 놀이대화』에는 저자 상진아 박사가 유학하던 시절 동료 연구원이 자신의 체험을 들려주는 대목이 나옵니다. 그 동료 역시 개를 무서워하고 개만 보면 표정이 바뀔 정도였습니다. 부모님과 어른들은 그가 어려서 그런 것이고 크면 괜찮아질 거라고 둘러대기 바빴습니다. 하지만 시간이 지나도 '개 공포증'은 사라지기는커녕 더 커질 뿐이었습니다. 동료 연구원은 "그때 부모님이 나에게 개에 대해서 많은 것을 가르쳐주셨으면 좋았을 텐데. 무조건 피하기만 하지 않고 개에 대한 두려움을 스스로 극복하도록 도와주셨다면 그렇게 오랫동안 스트레스를 받으며 힘들어하진 않았을 테니까"라고 말하며 아쉬워했다고 합니다.

저는 이 사례를 보면서 감정 문제는 시간도 해결해주지 않는다는 결론을 얻었습니다. 그리고 아이의 개 공포증이나 여러 가지 부정적이고 어두운 경험에 대해서 세심히 들여다보고 '이해'를 할 수 있도록 도와야겠다는 생각도 했습니다. 처음에는 어떤 부분 때문에 개가 무서웠는지 대화했어요. 개의 날카로운 이빨 때문인지 언젠가 너에게 개가 와락 달려들어서 겁났었는지. 개가 갑자기 뛰어오거나 달려들어서 개 공포증이 생긴 것으로 밝혀졌습니다. 이제는 아이가 개를 쓰다듬기도 하고 안기도 합니다. 곤충을 보면 가장 먼저 다가가 손으로 만집니다. 생물을 대하는 자신감을 되찾았을 뿐 아니라 경쟁력이 되었다고 할 만합니다. 여기에 오기까지 큰 병에서 회복되는 것처럼 오랜 기다림이 필요했어요. 어른이 아이의 암흑을 외면하거나 회피할수록 아이는 '암흑의 핵심'으로 끌려갈 수밖에 없습니다. 『암흑의 핵심』에서 혐오와 두려움의 공간인 아프리카보다 더 어두운 백인들의 행태를 고발한 것처럼.

조셉 콘래드가 고발한 '암흑의 이중성'은 육아에서 충분히 응용할 수 있을 뿐만 아니라 반드시 밝혀내야 할 비밀입니다. 아이들은 일상적으로 배신, 질투, 욕심, 싸움 등 다양한 어둠에 둘러싸여 있습니다. 어른의 세계보다 다양한 권력관계가 아이들 사이에 '실재'합니다. 아이와 용감하게 어둠을 헤쳐 탐험한다면 아프리카가 말로에게 진실을 보여줬듯, 아이도 가족에게 진실을 보여줄 것입니다.

♥♥♥ ————————————————

Q : 아이에게 밝고 명랑한 모습만을 기대하는 것은 욕심일까요?

A : 무심히 걸어가는 개미에게도 그림자가 드리워져 있죠. 빛과 어둠이 한 쌍이니, 밝은 모습만 보려 하면 어둠의 구름을 한꺼번에 견뎌야 해 버겁습니다. "인간의 대부분은 바보도 아니고 고상한 인물도 아니라네"라는 말처럼 아이의 있는 그대로의 모습을 찾아주세요.

3

아이가 사랑에
빠졌나봐요

"안녕히 가세요, 사랑하는 베르테르 씨."
_『젊은 베르테르의 슬픔』(요한 볼프강 폰 괴테, 문학동네)

엄청나게 진보한
아이들의 사랑

몇 년 전 초등학생들과 여름 캠프를 다녀왔습니다. 물놀이와 물총싸움, 야간 담력 훈련까지. 여름을 만끽했습니다. 하지만 이 모든 걸 합쳐도 남녀의 풋풋한 감정만 하겠습니까? 하루 일정이 끝나고 아이들이 꿈에도 그리던 저녁 시간에 때 아닌 호통소리가 쩌렁쩌렁 울렸습니다. 깜짝 놀라 나가 보니 5~6학년으로 보이는 남자아이와 여자아이 너댓이 선생님께 혼쭐이 나고 있었습니다. 사정을 들어보니 서로 다른 초등학교의 남자아이와 여자아이끼리 전화번호가 적힌 쪽지를 교환한 것이었습니다. 아마추어 같은 녀석들이 쪽지를 건네러 간 사이에 선생님이 들어왔고 화들짝 놀란 남자아이들은 화장실로 급히 숨었지만 발각되고 말았습니다.

아이들은 크게 혼이 났습니다. 각 학교 학생들이 참여한 캠프이니만큼 구설수에 오르지 않게 하려는 조치인 점에서는 공감이 갔습니다. 같은 상황에서 제가 그곳에 있었더라면 어떻게 조처했을까 생각하니 더 나은 방법이 잘 떠오르지 않았습니다. 하지만 왠지 모르게 섭섭했습니다. 이 사건에 대한 도덕적인 판단보다는 쪽지를 주고받은 아이들의 마음이 궁금했습니다. 어린이들은 어떻게 사랑하는지 아시나요? 듣고 보면 좀 시시한 느낌도 있지만 사랑의 씨앗을 보는 것 같아서 풋풋하고 기분 좋습니다.

아이들은 좋아한다는 감정표현이 자유롭습니다. 헤어지는 것도 무척 시원스럽습니다. 사귀는 날 바로 헤어지기도 합니다. 그것이 사랑이냐고 반문할 수 있지만 아이들 방식의 사랑입니다. PC방에 같이 갔는데 갑자기 일어서는 바람에 서로 입술이 닿았던 경험을 이야기하는 아이는 잔뜩 상기된 표정이었습니다. 제가 초등학교 다닐 때는 감정표현을 감히 하지 못했습니다. 왜 그랬는지 모르겠지만 남자아이들은 여자아이들을 끊임없이 괴롭힐 뿐 마음속 이야기 하나 제대로 할 수 없었죠. 저도 초등학교 때 좋아하던 여자아이가 있었습니다. 하지만 감히 고백할 생각은 못했습니다. 놀림을 받을까 봐 두려웠기 때문입니다. 그 대신 남자아이들 편에서 여자아이를 괴롭히는 데만 열을 냈습니다. 얼마 전 초등학교 동창회에 갔을 때 그 친구에게 "실은 어릴 때 좋아했었다"고 고백했으니

속마음을 말하는 데 30년 가까운 세월이 걸린 셈입니다. 운동회나 학교 행사에서 남자아이와 여자아이가 손을 잡아야 할 때는 어색해서 볼펜을 맞잡았습니다. 새끼손가락만 잡아도 양반입니다. 손을 잡는 게 열없어서 그랬는지 볼펜이나 나무젓가락 같은 물건으로 여자아이와 연결되어야 했던 어린 시절을 떠올릴 때면 민망합니다. 중학교에 가서도 사정은 달라지지 않았습니다. 남자아이들끼리 장난을 칠 때 상대방을 가장 당혹스럽게 만드는 방법은 여학생 반에 가방을 던지는 것입니다. 가방을 가지러 여학생 반을 지나는 느낌은 얼마나 부담스럽고 부끄러웠는지. 이에 비하면 우리 아이들의 사랑은 엄청난 진보를 이룬 셈입니다.

이런 아이들의 사랑, 순수하고 아름답게 꽃핀 감정을 억제하는 어른들의 오랜 관습은 여전히 완강하게 버티고 있습니다. 아이들의 사랑을 억제하니 숨어서 연애하고, 음란물 단속을 철저히 하니 야동이 들끓고, 성교육을 억압적으로 하니 더욱 문란해집니다. '프리섹스'의 나라라는 별칭을 가지고 있는 네덜란드는 이 이치를 알기에 '청소년 등급제' 같은 영상물 등급이 없고 폭력성만을 엄격히 통제하고 있습니다. 폭력은 누구도 휘둘러서는 안 되는 것이기 때문이죠.

오랫동안 세워온
사랑의 척화비

저는 『그리스 로마 신화』와 영화감독 장 르누아르의 〈게임의 규칙〉(La Regle Du Jeu, 1939)이나 〈인간 야수〉(La Bete Humaine, 1938) 등과 같은 작품을 보거나 사랑을 소재로 한 유럽의 소설 작품을 읽으면서 사랑에 대한 감각을 키웠습니다. 이런 작품들을 보면서 제가 얼마나 오랫동안 '사랑의 척화비'를 세워왔는지를 생각하면 부끄럽습니다. 그렇게 배웠기 때문이겠죠. 토머스 하디의 『테스』, 스탕달의 『적과 흑』 등도 인상적이었지만 제게 가장 강력한 영향을 미친 사랑 이야기는 괴테의 『젊은 베르테르의 슬픔』이었습니다.

『젊은 베르테르의 슬픔』은 괴테가 1772년 베츨러에서 알게 된 샤를로트 부프와의 실연을 극복하기 위해서 쓴 편지체 소설입니다. 작품 배경은 1771년 5월 4일부터 1772년 12월 23일까지 약 1년 8개월 동안에 독일 시민 사회에서 벌어진 일을 서술하고 있습니다. 결말부에 자살하는 내용은 괴테와 같은 법원에 근무하던 친구 '예루잘렘'이 유부녀를 사랑하다가 괴로움을 견디지 못하고 권총 자살한 사건에서 영향을 받았다고 합니다.

제가 이 책을 처음 접한 건 대학 시절이었습니다. 그때도 정말 충격이었죠. 괴테라는 이름을 믿고 안심했다가 주인공들의 광기 어린 열정에 놀랐고 감정 소모에 지쳤습니다. 다른 남자의 약혼녀를 사랑한 예술가가 유부녀가 되어버린 애인을 잊지 못해 이성을 잃고 헤매다가 상대의 절교 선언에 권총 자살로 생을 마감한다는 이야기를 담담하게 읽을 수 있는 사람이 얼마나 될까요? 출간 당시 『젊은 베르테르의 슬픔』을 읽은 많은 젊은이들이 베르테르의 자살을 흉내 내는 사건이 발생하자 일부 지역에서는 발간이 금지되기도 했습니다. 사회적으로 영향력 있는 유명인의 자살을 흉내 내어 자살을 시도하는 현상을 일컫는 '베르테르 효과'도 괴테의 작품에서 비롯되었죠. 로테의 한마디에 살고 죽는 베르테르의 격정적인 모습은 짝사랑을 앓아봤거나 연인에게 아프게 차여본 분들은 공감하실 겁니다.

어제 내가 떠나려고 나왔을 때, 그녀는 내게 손을 내밀고 악수를 청하면서 이렇게 말했다.

"안녕히 가세요, 사랑하는 베르테르 씨!"

사랑하는 베르테르 씨! 그녀가 나보고 〈사랑한다〉는 말을 붙여서 부른 것은 이번이 처음이었고 그 말이 나의 골수에 사무쳤다. 나는 혼자서 그 말을 백 번도 더 되풀이했다. 그리고 밤이 되어, 잠자리에 들며 횡설수설 혼자서 중얼거리다가 '안녕히 주무세요, 사랑하는 베르테르 씨!'라는 말이 잠결에 튀어나오고 말았다. 그러고는 혼자서 웃지 않을 수 없었다.

– 『젊은 베르테르의 슬픔』

저는 '사랑' 자체가 목표라는 괴테와 유럽 작가들의 관점이 마음에 듭니다. 장 르누아르의 영화 중에서 한 주인공이 "사랑 말고 인생에 의미 있는 게 또 있을까?"라고 한 말에도 깊이 공감합니다.

잠든 감정을 깨우는
문학 고전

『젊은 베르테르의 슬픔』은 문학 고전입니다. 인문 고전이 당대의 가장 큰 문제에 대한 지성인의 해법을 담았다면, 문학 고전은 '문제'를 담았습니다. 도스또예프스끼는 "문학가는 문제를 드러내줄 뿐 해결책을 제시하지 않는다"고 말했죠. 괴테의 작품에서 감정의 격정을 느낄 수 있다면 아이의 감정에도 공감하기 쉬워집니다. 감정을 고양하는 게 문학작품을 읽는 이유이기 때문입니다. 저는 작품 속 등장인물들과 대화하기도 하고 주인공이 되어보기도 하면서 감정을 느끼려고 노력합니다. 한국 드라마와 멜로 영화에서 나타나는 '감정 과잉'은 우리의 감정을 쓸데없이 지치게 만듭니다. 이에 비해 문학 고전은 끊이지 않는 샘물같이 감정을 순화시켜줍니다.

학창 시절과 대학 시절에 실연을 몇 번 당한 적이 있습니다. 마음속으로는 찢어지는 고통을 느꼈지만 누구에게도 위로를 받을 수 없었죠. 그때 문학에 취미가 있었다면 슬픈 사랑 이야기에 눈물 쏟으면서 스스로를 위로할 수 있었을 거예요. 아이들의 사랑은 대부분 실패하기 마련입니다. 아이들이 사랑을 경험한 첫 순간도 소중하고, 사랑에 실패해 슬픔에 빠진 순간도 무척 소중합니다. 아이들이 사랑의 두 가지 순간을 경험할 때 위로해줄 수 있는 부모가 진짜 멋진 부모라고 생각합니다.

『젊은 베르테르의 슬픔』을 읽은 부모님들이 괴테의 권위를 빌려서라도 아이들의 사랑 문제에 좀 더 진지하게 다가갔으면 좋겠습니다. 사랑은 감정 중에서도 최고의 감정이기 때문에 '이성'으로는 도저히 미칠 수 없는 주제입니다. 프랑스 시인 보들레르는 "유년 시절은 감수성 그 자체"라고 말했죠. 아이들의 감정과 감수성, 그리고 사랑은 유리그릇과 같습니다. 그것에 이성적으로 개입할수록 아이들은 성인이 되어서도 왜곡된 사랑관과 감정을 가지고 살 수밖에 없습니다. 아이들이 왜 가슴속에 있는 이야기를 부모님께 스스럼없이 이야기하지 않는지 아십니까? 마음속 이야기를 꺼냈다가 다치면 아이들에게도 치명적이니까요. 사람은 누구나 자기보호 본능이 있고, 아이도 사람이므로 부모에게 자기보호 본능을 적용할 수 있습니다. 이런 상황이 되면 얼마나 안타깝겠습니까!

우리 어머니와 아버지들을 보세요. 두 분은 서로 뜨겁게 사랑하셨나요? 지금 우리 부부는 어떻습니까? 그리고 아이들은 어떻습니까? 저는 아이들에게로 내려갈수록 사랑의 온도가 점점 높아지고 있다는 것을 현장에서 느낍니다. 바람직한 현상이라고 생각합니다. 제가 빠졌던 허세와 위선, 금기 같은 것들도 많이 해소되었다는 걸 느낍니다. 사랑 이야기를 할 때 아이의 맑고 반짝이는 눈빛을 잊을 수 없습니다. 그리고 그 아이의 가장 깊은 곳에 있는 사랑 이야기를 들을 수 있어서 영광입니다. 아이에게 생겨난 사랑의 감정이 아무리 유치해 보이더라도 매우 소중한 순간이라는 사실을 잊지 않기를 바랍니다. 소중한 감정이 잘 자랄 수 있도록 공감해주고 협조해줄 자신이 없다면, 차라리 못 본 척 해주는 것이 정답입니다.

♥♥♥ ─────────────

Q : 이성 친구를 처음 사귄 아이에게 어떻게 반응해야 할까요?

A : 부모의 사랑 이야기를 들려줄 때가 왔네요. 아이는 하늘에서 뚝 떨어진 게 아니니까요. 가슴 떨리던 첫 만남에서부터 위태로운 순간들을 견뎌낸 시간에 이르기까지 아이 가슴에 단비처럼 이야기가 내리겠죠.

"나의 상상력을 채우는 것은 오로지 그녀의 모습"이라고 고백한 베르테르의 마음을 아이에게 고백해보세요.

4

어른보다 더 어른스러운
아이, 괜찮은가요?

"왜 아이들은 철이 들어야만 하나요?"
_『나의 라임오렌지나무』(J.M. 바스콘셀로스, 동녘)

너무 조숙한
우리 아이

아이가 너무 어른스러워서 걱정이신가요? 가끔 순진한 모습을 보일 때도 있지만 예리하게 어른들의 비밀을 파고들 때는 식은땀이 날 것 같죠? 저는 그런 상황을 일상적으로 겪다 보니 어른과 아이의 구분이 모호해졌습니다. 몇 년 지나면 어른이 될 텐데 조금 앞당긴다고 이상할 건 없죠. 매일 많은 아이들과 생활하면서 두 가지가 놀랍습니다.

첫 번째, 아이들은 제가 생각하는 것보다 훨씬 성숙하고 제 예상을 가볍게 뛰어넘는다는 점입니다. 두 번째는 아이들의 놀라운 모습을 여러 번 목격했음에도 아이들은 미성숙하고 불안정하다는 제 편견이 좀처럼 깨지지 않는다는 점입니다. 놀라움이 거듭될수록 저도 모르게 아이들을 가르치려 했다는 사실을 알게 되었습니다.

초등학생들과 바닥에 양쪽으로 그림책을 세 권씩 깔아놓고 선을 그은 다음 동전 던지기 놀이를 했습니다. 어릴 적에 하던 동전 던지기에 '책'이라는 소재를 더했죠.

동전을 어떤 자세로 던지는 게 가장 성공 확률이 높을까 연구했습니다. 몸을 최대한 낮게 하고 던졌더니 동전이 튀지 않아 아이들에게도 그렇게 가르쳤는데 제 방법이 최고가 아니라는 사실을 알았습니다. 한 소년이 동전을 높이 던지더라고요. 목표 지점을 보지도 않고 마냥 높이 던지기만 하면 책 안으로 들어가지 않을 거라며 속으로 비웃었습니다. 그런데 동전은 책 위에 뚝 떨어져 움직이지 않았습니다. 제 생각처럼 낮게 던지는 게 아니라 오히려 높이 던졌을 때 마찰력이 줄어든다는 사실을 알았습니다.

그걸 가르쳐준 건 초등학생이었습니다. 이 경험은 제게 어른도 아이에게 배울 때가 많다는 걸 가르쳐줬습니다. 무시하지 않고 동등하게 대우하고 귀를 기울일 때, 아이는 어른에게 더 큰 가르침을 줄 것입니다.

아빠의 마음을
비추는 거울

"너랑 얘기하다 보면 어떤 때는 등에서 식은땀이 다 흐른다."

— 『나의 라임오렌지나무』

어릴 적 『보물섬』이라는 만화 월간지는 저를 비롯해 많은 어린 이들의 마음을 사로잡았죠. 연재 작품 중에 「나의 라임오렌지나무」(이희재 화백 만화)는 특히 잊을 수가 없습니다. 저는 이 만화가 원작인 줄 알았는데 원작 소설이 따로 있더군요. 제제가 입술이 부르트도록 매 맞은 모습이 어린 제 가슴을 얼마나 아프게 했는지.

"넌 큰 인물이 될 거다, 요 녀석. 네 이름을 '주제'(José, '요셉'의 포르투갈 식 발음)라고 지은 것도 우연이 아니라니까."

— 『나의 라임오렌지나무』

저는 이 책을 읽고 나서 주변에 많은 '제제'들이 살고 있다는 것을 알았습니다. 제제뿐 아니라 자기 사정에 빠져 있는 제제 아빠도 있고, 제제를 꼬마 악마처럼 다루는 잔라다 큰누나와 또또까 형, 따뜻하게 돌봐주고 지켜주는 글로리아 누나, 제제를 믿고 따르는 동생 루이스 왕, 동생보다 연애에 더 관심이 많은 랄라 누나도 있죠. 저희 엄마는 제제 엄마처럼 늘 바빴지만 항상 저를 사랑하고 걱정하셨죠. 엄마가 제제를 불쌍히 여겨 매를 세게 때리지 않는 모습에서 어릴 적 엄마에게 혼나던 기억이 납니다.

가족 소설과 성장소설의 고전인『나의 라임오렌지나무』는 거울이 많은 방처럼 제 주변을 다양하게 비춰줍니다. 제제는 매 맞고 심한 장난을 치고 험한 말을 하는 아이죠. 절절히 사랑을 갈구하면서도 불운에 시달립니다. 천사와 악마의 모습을 모두 가진 환상세계의 제제. 제제 속에 들어 있는 악마는 언제 나타나고, 언제 천사가 춤을 출까요? 그 비밀은 제제의 말 속에 담겨 있어요.

"왜 날 좋아하는 사람은 아무도 없지?"
"(아버지를) 제 마음속에서 죽이는 거예요. 사랑하기를 그만두는 거죠. 그러면 그 사람은 언젠가 죽어요."

– 『나의 라임오렌지나무』

제제 마음속에 있는 사랑의 그릇이 비어 있거나 누군가 발로 차버릴 때마다 악마가 튀어나오고, 누군가 가득 채워줄 때는 천사가 춤을 추죠. 모든 어린이가 이와 같습니다. 다만 제제처럼 악마가 튀어나오지 않고 마음 안에 틀어박혀 씩씩거리는 경우는 더 위험해요.

정신없이 바쁠 때, 아이를 사무적으로 대하는 저의 모습이『나의 라임오렌지나무』를 읽으며 딱 걸렸습니다. 뽀르뚜가 아저씨가 제제의 말과 행동에 얼마나 집중하는지 자세히 볼수록 저는 더 부끄러워졌어요. 제제가 공장 지배인이 된 아빠를 향해 "저 사람은 내 아빠가 아냐"라고 판결을 내렸을 때는 가슴이 몹시 뜨끔했답니다. 이 책을 읽을 때마다 아이에게 더 잘 하게 되고 저의 모습을 돌아보게 됩니다.

아이를 동료로
대하는 방법

아이는 발견되지 않은 금광과 같습니다. 발견만 해준다면 상상도 못했던 보석을 뽑내죠. 쎄실리아 선생님과 뽀르뚜가 아저씨 앞에서 아름답고 정다운 말을 하는 제제의 모습이 그려지지 않으세요?

저는 우리 아이들의 재능이 꽃피지 못하고 가능성에만 머무르는 지금 상황이 답답합니다. 왜 아이들은 발견되지 못하고 있을까요? 어른의 눈과 아이의 눈이 명백히 구분되어 있기 때문이 아닌가 생각합니다. 저는 아이들을 사실상의 어른으로 볼 뿐만 아니라 동료로 대하며 멋진 결과를 낸 적이 있습니다. 중학생들과 글쓰기 수업을 할 때였습니다. 아이들이 써 온 글에는 자기 주장이나 자신의 이야기가 없었습니다. 몇 번을 강조해도 나아지지 않자, 한 아이가 답답하다는 듯 "그럼 선생님이 한 번 써주세요"라고 요청하더라고요. 그 다음부터는 저도 글쓰기를 함께했습니다. 제가 빨간색으로 밑줄 긋고 칭찬하고 지적하는 일방적 수업에서, 함께 쓰고 비평하는 방식으로 변화했습니다. 읽고 쓰기 교육 프로그램이 체계화된 미국의 리터러시 코칭 프로그램에서는 이 방식을 '동료 교정(peek teaching)', '동료 평가(peer edit)'라고 부릅니다. 아이가 제 글에 평한 말은 '결론을 얻기까지의 과정이 길어서 지루한 느낌이다'였습니다. 깜짝 놀랐습니다. 제가 가진 단점을 정확히 지적했거든요. 저는 그때부터 자세를 낮추고 아이들과 같이 글쓰기 공부를 했습니다.

아이에게 뽀르뚜가 아저씨처럼 대하고 있나요, 제제의 아빠처럼 대하고 있나요? 두 인물을 비교하면 아이를 어떻게 대해야 할지 도움이 됩니다. 뽀르뚜가 아저씨는 제제의 친구로서 제제를 존중하고 이야기를 귀담아 듣는 반면, 아빠는 제제를 철없고 심술궂은 장난꾸러기로 볼 뿐 사랑을 주지 않습니다. 가장 중요한 건 '현재'를 바라보는 태도입니다. 실직 상태에 빠진 아빠는 자기 기분에 휩싸여 제제는 안중에 없었고, 열등감에 빠져 제제가 자신을 위로하려던 의도도 제대로 알아채지 못해 매를 듭니다. 공장장으로 취직했을 때 제제를 대하는 태도가 완전히 달라지죠. 저는 제제 아빠의 위선적인 모습에 치를 떨었습니다. 제제가 "저 사람은 아빠가 아냐"라고 했을 때 심하다는 느낌이 들지 않을 정도로. 반면 뽀르뚜가 아저씨는 어떤 기분이든 현재에 집중하고 제제와 함께 현재를 즐깁니다. 바로 그것이 '어린이의 시간'입니다.

뽀르뚜가 아저씨는 제제를 아이로 보고 있지 않아요. 진정한 동료로 보고 있습니다. 그리고 진지하게 조언합니다. 뽀르뚜가 아저씨와 제제는 말 그대로 '두 육체에 깃든 하나의 영혼'입니다. 제제

3부_우리 아이 낯설게 보기

의 영혼을 바라보며 대화하는 인물은 뽀르뚜가 아저씨와 쎄실리아 선생님뿐입니다. 제제는 그들에게만 영혼의 아름다운 모습을 보여 주지요. 아이들의 영혼을 보려면 어른들은 남다른 노력을 해야 합니다. 제제와 뽀르뚜가 아저씨가 처음 친구가 되던 모습 기억하시나요? 차 바퀴에 올라탔다가 볼기짝을 세게 얻어맞아 원수가 된 둘이지만, 뽀르뚜가 아저씨가 유리조각에 다친 제제를 치료해주면서 친해지기 시작했죠. "우리가 원수지간이라는 것은 상관없다. 네가 정 창피하다면 학교에 조금 못 미쳐서 내려 주마, 어떠냐?"라는 뽀르뚜가 아저씨의 한마디에 제제는 감격에 겨워 말문이 막혀버렸죠. 뽀르뚜가 아저씨가 제제의 감정을 세심하게 배려했으니까요. 아이가 지나치게 조숙하게 느껴진다면 부모 역시 성숙한 태도로 대하면 됩니다. 아이가 돈이 많이 들어서 태권도장에 다니지 않겠다고 말한다면, 태권도 연습을 열심히 해서 돈 생각을 잊어버리게 해주면 좋겠다고 대답해주면 됩니다.

♥♥♥ ────────────

Q : 아이가 벌써부터 학원비, 생활비, 차 기름 값 같은 걸 자꾸 물어보네요.

A : 창문과 커튼을 닫았다고 아이가 비가 오는 걸 모를까요? 하지만 일부러 비를 구경하라고 밖으로 떠밀 필요는 없지요. 비 오는 풍경을 구경하며 비의 원리를 이야기하듯, 돈을 벌고 쓰는 경제활동에 대해서 자유롭게 대화해보는 것도 좋은 방법입니다.

아이가 돈에 대해서 오해하면 『나의 라임오렌지나무』의 제제가 아빠에게 그랬듯 "아빠가 가난뱅이라서 진짜 싫어"라고 원망할지 모르니까요.

5
우리 아이가 나쁜 아이는
아닐까요?

"나는 너희들의 일부분이야."
_『파리대왕』(윌리엄 골딩, 민음사)

아이들의 잘못에
대처하는 자세

'착하디 착한 내 새끼'의 전혀 다른 모습을 본 적이 있나요? 학교에서 착실히 생활하고 공부 잘할 것 같았던 아이가 경찰서에 있다고 전화가 온다거나, 문구점 주인으로부터 아이가 절도를 하다가 들켰다는 이야기를 듣는다거나. 우리들은 의외로 아이의 진짜 모습을 직시하지 못합니다. 자신이 보고 싶은 것만 보죠.

그날은 정말 기이한 경험을 했어요. 즐겁게 웃으며 공부를 마친 한 아이가 집에 가서 대성통곡을 하며 공부방 형에게 구타를 당했다고 부모에게 이야기한 겁니다. 아이의 부모님이 제게 전화하는 동안에도 아이는 옆에서 소리 내어 울고 있었습니다. 맞았다는 아이도, 때렸다는 아이도 공부를 잘하고 학교에서 모범적이라는 평가를 받는 아이였습니다. 두 가정 사이를 중재하면서 저는 기이한 기분이 들었습니다. 때렸다는 아이도, 맞았다는 아이도 눈물을 흘리며 억울함을 호소하는 것이었습니다. 아이들의 설명을 들으면 들을수록, 거기다가 부모님들까지 가세해서 마치 이상한 재판장의 판사가 된 기분에 휩싸였습니다. 아직도 누가 거짓이고 누가 진실인지 모르는 이 사건을 경험한 후, 저는 아이를 보는 새로운 인식이 생겼습니다. 아이의 말을 곧이곧대로 믿기보다는 그 아이의 이해관계와 당시 상황, 주변 아이들의 증언을 종합적으로 분석해서 파악했습니다.

아이가 예상치 못한 비행을 저지른 경우, 예컨대 문구점에서 물건을 훔치다가 발각된 경우에는 부모의 반응이 아주 중요합니다. 아이의 평소 모습과 전혀 다르다면서 애써 진실을 무시하려는 부모님들이 있습니다. 안타깝게도 아이들은 부모님들의 이런 반응을 악용합니다. 예전에는 형제가 많고 부모님이 바빠서 아이를 돌보지 못하는 경우가 많았습니다. 부모님이 아이들을 관리할 수 없기 때문에 형제들 중의 한 명이 부모 역할을 하기도 했죠. 하지만 좋지 않게 끝나는 경우도 많았어요. 오빠나 형이 동생에게 부당한 권력을 행사하기도 하고 폭력을 저지르기도 했습니다. 이런 현상이 만성화되면 평생에 걸쳐 인성에 아주 안 좋은 영향을 미칩니다. 유년 시절이나 청소년 시절에 손위 형제에게 폭력을 당해서 지금도 고생하는 분들이 제 주변에도 적지 않습니다. 저도 형제를 키우고 있기 때문에 아이들 사이에 왜곡된 권력관계가 작동하지 않게 신경을 쓰고 있습니다.

'내 아이가 그럴 리 없어'라는 믿음을 내면화한 부모 못지 않게 위험한 부모는 아이의 비행 자체를 죄악시하면서 제재를 가하는 분들입니다. 부모가 원인임을 부정하려 하거나 아주 일부의 원인만 인정하는 경우죠. 저는 솔직하지 못하다고 생각합니다. 어떤 사건의 명백한 원인을 없애거나 희석해버리면 그 문제를 해결할 기회를 스스로 차버리는 꼴이 되기 때문입니다.

천사도 아니고,
악마도 아닌 아이들

1983년 노벨문학상을 수상한 윌리엄 골딩(Willam Golding, 1911~1993)의 대표작 『파리대왕』을 처음 읽었을 때는 순수한 아이들의 마음속에 숨은 '악'의 모습을 인정하기 어려웠어요. 천사 같은 내 아이를 어떻게 '악마'로 볼 수 있겠어요. 하지만 많은 아이들을 겪으면서 어쩌면 『파리대왕』이 옳을지도 모른다는 생각이 커지기 시작했습니다.

어느 무인도. 어린아이들이 불시착하기 전까지는 멧돼지가 주인이었던 섬. 불시착한 아이들은 학교에서 배운 대로 투표로 대장을 뽑고, 발언권을 얻어 발언하고, 구조대가 자신들을 발견할 수 있게 조를 정해 봉화의 불을 꺼트리지 않기로 협의합니다. 이 모습에서 문명과 인간 이성의 향기를 느낄 수 있었습니다. 하지만 섬에 고립되는 시간이 길어지면서 일이 꼬이기 시작하죠. 고기를 먹어보지 못한 아이들에게 직접 사냥한 멧돼지를 선사하는 잭은 도살에 쾌감을 느끼며 본능에 눈 뜹니다.

월리엄 골딩은 제2차 세계대전에 참전해 "온몸이 굳어지는 공포"를 느꼈다고 고백했습니다. 그는 인간이 무엇을 할 수 있는지 보았고, 전쟁을 일으킨 원인이 인간 내부에 있는 것인지 외부 환경에 있는 것인지 끊임없이 고찰했습니다.

저는 인간에 대한 골딩의 인식이 우리 시대에까지 낡지 않고 현실감을 불어넣는다고 생각합니다. 어린아이를 인간 타락의 대표로 설정했기에 그 충격은 더욱 크지만, 제 유년 시절도 충분히 괴물 같았기 때문에 부정할 수는 없습니다.

『파리대왕』에서 알 수 있듯 칼로 자를 수 있을 만큼 명백한 선과 악은 존재하지 않습니다. 소설 안에서도 아이들은 끊임없이 장난치고 조롱하고 말을 듣지 않죠. 아이들은 울기도 하고 웃기도 하고 때리기도 하고 맞기도 합니다. 『파리대왕』에 나오는 아이들의 무질서한 모습은 우리가 키우는 아이들의 실제 모습과 같습니다. 아이들은 천사가 아니며, 그렇다고 악마도 아닙니다. 천사와 악마 사이의 균형감을 가지고 아이를 바라보는 게 중요합니다. 균형이 깨진 순간 부모는 아이에 관한 진실을 놓치며, 그 대가는 무척 큽니다.

파리 왕초 잭에게 배우는
아이 키우는 법

맹자의 말처럼 인간의 선한 본능은 너무 약하고 위태로우며 많은 적들에게 둘러싸여 있는지도 모릅니다. 저는 『파리대왕』의 주인공 잭을 유심히 관찰하고 깊이 배우려고 하였습니다. 살육과 파괴를 즐기는 본성이 아니라 공동체의 구성원을 변화시키는 비결을 가르쳐주거든요. 아이들에게 중요한 것은 '상황'과 '분위기'입니다. 아이들은 여기에 반응하는 것입니다. 아이들과 공부를 할 때 어떤 아이가 심하게 떠들거나 말을 듣지 않으면 그 아이만 남게 해서 대화를 하거나 조용한 곳에 데려가서 좋게 이야기를 나눕니다. 무리 속에서 그 아이를 바로잡는다는 건 거의 불가능하기 때문입니다. 분위기를 만듦으로써 기대했던 반응을 유도합니다.

잭은 처음부터 대장이 되고 싶었지만 정적政敵 랠프와의 선거에서 패배해 2인자인 사냥부대 대장이 됩니다. 대장이 되려는 잭의 권력의지는 멈출 줄 모릅니다. 멧돼지라는 매우 효과적인 수단을 찾아내서 자기 편을 늘려가죠. 잭이 섬에서 먹을 수 있는 고급 양식을 독점하니 판도가 달라집니다. 매일 과일이나 변변찮은 식량에 의존해야 했던 아이들은 멧돼지 고기에 눈이 멀어 하나둘 잭의 부하가 됩니다. 결국 랠프와 극소수의 지지자만 남고 권력투쟁은 사실상 잭의 승리로 끝나죠.

랠프처럼 올바르고 건강한 생각이 이기려면 어떻게 해야 할까요? 경쟁해야 합니다. 아이들 마음에 올바른 행동이 더 매력적으로 보여야 하고, 더 재밌어야 합니다. 아이들이 저절로 올바른 방향을 선택하기를 기대할 수는 없으니까요. 부모가 기대하는 어떤 행동을 아이가 순순히 따라 오리라고 여기는 건 그야말로 순진한 발상입니다. 실제로 아이가 그런 행동을 했다면 대부분 '시늉'일 것입니다. 모든 자발적인 행동은 아이가 내켜야 하는 것입니다.

부모가 나쁘다고 생각하는 것들은 어쩜 그렇게 아이를 잘 끌어당길까요? 저는 부모가 이 문제를 진지하게 고민해야 한다고 생각합니다. 무조건 금지한다고 되는 것은 아니니까요. 아이가 나쁜 행동을 했을 때는 그 일이 벌어진 것 자체를 인정하고, 무엇이 아이를 움직였는지 생각해봐야 합니다. 사랑만 움직이는 게 아닙니다. 아이의 마음도 움직입니다. 의무나 도덕 같은 관념적인 기준으로 아이를 다스리는 부모는 그 방법이 지속적이지 않다는 사실을 인정할 수밖에 없을 것입니다. 선악에 대한 개념이 확립되지 않은 아이는 심심하거나, 그 일이 재밌을 것 같아서 행동하는 것입니다.

잭은 어떻게 아이들을 사로잡을 수 있었을까요? 멧돼지 고기만으로 사람의 마음을 끌어당길 수는 없습니다. 민주주의는 시끄러울 뿐만 아니라 매우 수준 높은 정치 시스템입니다. 랠프는 학교에서 배운 대로 민주주의를 운영했지만, 아이들이 실천하기에는 비능률적이고 시간 낭비라고 볼 수밖에 없었습니다. 지켜야 할 게 많고, 하고 싶은 이야기가 있어도 손을 들고 소라를 안은 다음에 해야 하니까요. 잭은 소수가 결정하는 방식을 선호합니다. 저는 아이들을 키울 때 최대한 민주주의 방식으로 하려고 노력하지만 때로 독재가 불가피하다는 사실을 인정하기도 합니다. 아이들에게 너무 많은 선택권을 주는 것은 오히려 독이 될 수도 있죠.

『파리대왕』에서 아이들이 랠프보다 잭을 선호한 까닭이 뭘까요? 스스로의 의지를 가지고 자신의 책임을 다하기보다는 시키는 대로 하는 게 편하기 때문입니다. 잭의 부족에 들어가면 부하가 되어야 하지만 사냥하는 재미를 얻을 수 있고 원하는 걸 마음껏 할 수 있죠.

『파리대왕』에 등장하는 다양한 인물들을 우리 아이에게 투사해 보면 맞아떨어지는 부분이 매우 많다는 걸 알 수 있습니다. 부모는 자신의 아이를 객관적으로 바라보기 어렵습니다. 특별한 관계이기 때문입니다. 하지만 아이들이 가지고 있는 특징을 정확하게 파악해야 함정에 빠지지 않습니다. 아이가 비행을 저지르거나 평소에 생각했던 모습과 전혀 다른 행동을 하더라도 유연하게 대처할 수 있습니다.

♥♥♥ ─────────────────────────

Q : 아이들이 친구를 때리고 괴롭히는 게 자연스러운 모습인가요?

A : 고양이가 쥐를 가지고 놀듯 강한 아이는 약한 아이를 괴롭힙니다. 처음에는 당하는 자의 아픔을 상상조차 하지 못하죠.
"새끼돼지에게 사과를 할 것인가, 더 큰 모욕을 줄 것인가 하는 갈림길에서 망설였다"는 랠프처럼요. 약자의 아픔을 공감하게 하고 정의로운 것에 대해서 이야기를 꺼내기 전에는 그런 것이 있다는 것조차 모릅니다.

6

어떻게 하면 아이의 고통을
달래줄 수 있나요?

"개구쟁이는 나라에 내려진 은총이며 동시에 질병이다."
_『레 미제라블』(빅또르 위고, 펭귄클래식코리아/웅진)

아이의 비참함을
취재하다

　친구를 밀어 넘어뜨린 아이, 어른보다 더 심한 욕지거리를 하는 아이, 문구점을 털다가 걸린 아이, 갑자기 소리를 지르는 아이 들은 어릴 적에 동네에서 유명한 장난꾸러기였던 제 심장을 마구 두드리는 방망이와도 같습니다. 프랑스의 위대한 시인 빅또르 위고(Victor-Marie Hugo, 1802~1885)는 『레 미제라블』에서 "개구쟁이는 나라에 내려진 은총이며 동시에 질병"이라는 독특한 해석을 내놓았습니다. 나라에 내려진 은총이라는 점은 이해하는데 질병이라는 건 또 뭔가 했더니 곧바로 답을 줍니다.

"치유해야 할 질병이다. 어떻게? 빛으로."

-『레 미제라블』

'빛으로' 치유해야 한다는 생각이 참 다정하고 멋져 보입니다. 『레 미제라블』을 읽고 나서 세상에 공기처럼 꽉 차 있는 온갖 비참함에 대해서 살펴보는 습관이 생겼습니다. 특히 저는 '어린이의 비참함'에 무척 관심이 많습니다. 저를 유난히 속상하게 하고 걱정스럽게 만드는 아이는 면밀히 관찰하고 취재를 많이 합니다. 그런 아이들은 슬픔의 냄새가 나거든요. 아이에 대한 정보를 얻을 수 있는 곳은 생각보다 많습니다. 지나가는 같은 학년 아이에게 다짜고짜 '그 아이'의 생활에 대해서 물어보기도 합니다.

그 아이가 학교에서 생활하는 모습, 그리고 학교와 공부방이 끝나서 어떻게 지내는지 머릿속으로 재구성합니다. 아이의 일상을 추적하는 과정은 때로 무척 고통스럽습니다. 아빠는 어디에 있는지 모르고 엄마는 무척 바쁘셔서 학교가 끝나면 기계적으로 공부방에 왔다가 아무도 기다리지 않는 집으로 돌아갑니다. 비슷한 처지의 친구네 집을 아지트로 삼고 장난거리를 찾는 것은 지독한 외로움 때문입니다. 엎친 데 덮친 격으로 아지트를 제공한 친구는 서울로 전학을 갔습니다. 저녁은 뭘 먹는지 궁금했습니다. 용돈은 넉넉한 편이라 편의점에서 컵라면이나 삼각김밥 등을 사먹지만 이젠 지겹습니다. 친척 집에 가서 저녁밥을 얻어먹으려고 해도 내키지 않아 그냥 어두운 방에서 엄마가 올 때까지 스마트폰 게임을 합니다. 이와 같은 생활이 길어지면 마음속에서부터 분노가 솟아나죠. 분노를 풀 대상이 있어야 하고 미워할 대상이 있어야 합니다. 그게 바로 저죠. 공부방에서 매일 보니까요. 제가 그 아이의 표적이 된 것이 섭섭하지만 한편으로는 다행입니다. 어쨌든 그 아이에게는 울분을 풀 대상이 있는 거니까요.

한 아이는 엄마와 너무 놀고 싶은데 엄마는 "놀아줄게"라는 말만 하고 오지 않습니다. 언제까지 온다는 말도 없으니 하염없이 기다릴 뿐입니다. 그러다가 레고와 친해졌습니다. 부모님께 혼이 나거나 슬플 때면 레고를 붙잡고 울었습니다. 아빠는 아이가 못마땅하기만 하고 엄마는 말 잘 듣는 누나들만 보다가 차원이 다른 아들을 겪으며 당황합니다. 아이 마음속에는 분노가 꽉 차 있습니다. 엄마를 기다리며 아이는 어느새 마음속에 깊은 동굴을 만들었습니다. 마음의 동굴이 너무 깊어서 끝이 좀처럼 보이지 않습니다. 기분이 좋을 때는 보통 아이와 다를 바 없다가 조금이라도 마음이 상하면 예의 그 차가운 표정을 하고 동굴에 들어앉습니다.

한 아이는 엄마는 가끔 만나고 아빠는 멀리 일하러 가서서 할머니 할아버지와 주로 생활합니다. 사랑을 거의 받지 못해 조그만 잔소리에도 일일이 방어할 정도로 자존감이 떨어져 있습니다. 아이가 도끼눈을 뜨고 저를 치켜볼 때는 두려운 마음이 들 정도입니다. 다른 아이들과 많은 어른들이 그 아이를 욕하지만 저는 그 아이가 세상에서 가장 불쌍한 아이라는 것을 압니다. 아이들의 비참함은 끝이 없지만 고통스러운 취재 보고서는 여기까지 하렵니다.

사람들의 고통에
책임을 다하려는 사람들

"여인들과 아이들과 하인들과 약한 이들과 궁핍한 사람들과 무
지한 이들의 잘못은 곧, 남편들과 아버지들과 상전들과 강자들과
부자들과 유식한 이들의 잘못이다."

– 『레 미제라블』

'인간의 양심을 노래한 거대한 시편'이자 '역사적 · 사회적 · 인
간적 벽화'로 평가받는 『레 미제라블』은 1815년 워털루 전투 전날
밤부터 1830년 7월 혁명, 1832년의 파리 노동자 소요 사태에 이르
기까지 19세기 초 프랑스 사회를 배경으로 하는 작품입니다. "이
지상에 무지와 가난이 존재하는 한, 이 책과 같은 성격의 책들이 무
용지물일 수는 없을 것이다"라는 위고의 예언은 안타깝지만 지금
도 유효합니다.

『레 미제라블』은 '장 발장'이 주인공입니다. 이 인물의 개성과 운
명이 너무나 강력하여 어렸을 적에는 이 책의 제목이 '장 발장'인
줄 알았습니다. 가난하여 배고픔에 시달린 가엾은 조카들을 위해
빵 한 조각을 훔친 죄로 징역 5년을 선고 받고 툴롱의 감옥에서 복
역하던 중 네 차례 탈옥을 시도하다 결국 19년의 징역을 살았던 비
참한 인물은 세상에 대한 증오로 가득했습니다. 저는 장 발장이 미
리엘 주교에게 구원받고부터 어느 순간에서도 '정직'을 배신하지

않는 모습이 무척 인상적이었습니다. 그는 마들렌 시장으로 인생 역전을 하고 나서도 비참한 운명의 여인 팡띤느의 딸 꼬제뜨를 구원하였고 젊은 마리우스와 짝지어준 다음 삶을 마감했죠. 바로 이것이 작가가 말했던 '빛의 치유'가 아닐까요?

만약에 쟝 발쟝이 미리엘 주교로부터 축복을 받지 못하고 절망적인 사회에 그대로 방치되었다면 어떻게 되었을까요? 『레 미제라블』을 읽으며 깊은 감명을 받았던 부분은 미리엘 주교의 축복이 아니라 쟝 발쟝이 받은 사랑을 잊지 않으려고 고뇌하는 모습이었습니다. 쟝 발쟝이 은촛대를 훔쳐 교회 밖을 나섰다가 붙잡혔던 장면에서 미리엘 주교는 거짓말을 합니다. 주교가 평생 처음으로 했던 거짓말일지도 모릅니다. 주교의 행동은 논쟁을 할 만합니다. 저는 쟝 발쟝이 견뎌야 하는 세상이 거짓말처럼 참되지 않고 모순 덩어리이기에 주교가 거짓말로 바로잡았다고 생각합니다. 아이가 어떤 잘못을 했을 때나 아이의 말과 행동이 옳지 않을 때, 이성적으로만 판단하고 제재를 하는 부모님들을 볼 때, 답답한 마음이 듭니다. 아이와 옳고 그름만 따질게 아니라 아이의 감정도 한 번쯤은 고려해주었으면 하는 아쉬움이 진하게 남습니다. 때로는 아이의 고통을 줄여주기 위해서 기꺼이 거짓말쟁이를 자처하는 성숙함도 필요한 법입니다.

"도형장들이 도형수들을 만들어냅니다. 그 점을 잊지 마시기 바랍니다"라고 한 쟝 발쟝의 경고를 읽으며 잠시 책을 덮었습니다. 도형장에서 받은 비인간적인 대우, 갖가지 폭력은 쟝 발쟝의 증오를 더욱 부추겼을 것입니다. 저는 우리 가정이 빛의 치료소는 되지 못할지언정 도형장이 되지는 않게 해야겠다고 다짐했습니다.

아이의 고통에서부터
시작하라

"사회는 자신의 소산인 어둠에 대하여 책임을 져야 하오. 영혼 속에 암흑이 가득하면 그 속에서 죄가 저질러지오. 진정한 죄인은 그 어둠 속에서 잘못을 저지르는 사람이 아니라, 그 영혼 속에 어둠을 만들어놓은 사람이오."

－『레 미제라블』

『레 미제라블』을 읽으며 가장 감명 받았던 부분은 온갖 선량한 사람들과 아이들, 약한 사람들의 비참한 고통에 대해서 적나라하게 알게 된 점입니다. 팡띤느가 나락으로 떨어져 창녀가 되는 과정과 애처로운 죽음, 팡띤느의 딸 꼬제뜨가 대를 이어 비참한 나날을 보내는 모습은 너무나 비통해서 눈물이 쏟아질 정도입니다. 주변의 불쌍한 아이들, 그 가족들이 겪는 불행을 생각합니다. 행복은 특별할지 모르지만 고통만은 보편적입니다.

『레 미제라블』은 비참함의 관찰에서 머무르지 않고 어떻게 해야 할 것인지 엄중하게 묻고 행동을 자극합니다. 문제를 일으키는 자녀나 아이들의 행동은 고통과 비참함에 대한 반응이라는 사실을 알려준 사람은 떼나르디에 부부입니다. 사회가 삭막하고 약자가 숨쉬기 어려울 정도로 가혹하다면 사람들은 팡띤느처럼 점점 밑바닥까지 밀려가다가 막다른 곳으로 떨어지거나, 떼나르디에 부부처럼 자기보다 약한 사람을 물어뜯으며 살아갈 수밖에 없습니다. 이 불쌍한 사람들을 법과 정의의 이름으로 처단하는 게 정당할까요?

아이가 보이는 나쁜 행동의 근원이 무엇인지 찬찬히 되돌아본다면 함부로 혼내기도 쉽지 않을 것입니다. 마음이 아픈 아이에게는 그에 합당한 반응이 있어야 하고, 마음이 건강한 아이에게도 그에 합당한 반응이 있어야 합니다. 아이의 행동을 무마하거나 진압하려는 것은, 아이가 순간을 모면하기 위해서 거짓말을 하는 것과 다를 바 없습니다. 내가 화가 난 것을 보상받으려고 아이에게 화를 내는 것인지, 아이의 심술궂은 행동을 줄이고 진심으로 대화를 하려는 것인지 목표를 분명히 하지 않으면 안 됩니다.

저의 경우는 대화를 할 때 아이의 고통에서 출발하는 것이 가장 빨랐습니다. 소리 지르는 아이를 완력으로 억압하기보다는 가만히 참으며 최대한 아이의 선한 의도를 읽어주려고 노력했습니다. 그리고 칭찬할 수 있는 점을 어떻게든 찾아내 설득력 있게 칭찬합니다. 그렇다고 아이의 행동이 곧바로 개선되는 것은 아니지만 천천히 나은 방향으로 가는 것만은 확실합니다. 처음에는 자신이 저지른 행동은 생각도 하지 않고 만날 혼내기만 한다며 무단결석을 밥먹듯 했던 아이가 매일 나오면서 보통 아이가 하는 공부량을 소화하고 갑니다. 아이의 순종적인 표정을 보는 순간 저는 날아갈 듯이

기뻤어요! 아이와의 대화에서 실패할 때가 더 많거든요. 제 노력보다는 그 아이의 노력이 더 컸겠지요.

아이의 고통이 너무 크면 감당하기 어렵습니다. 아이의 고통이 쓰나미처럼 저를 압도하면 깊은 좌절감과 무력감에 허우적댑니다. 아이의 고통은 너무 손쉽게 만들어져요. 제가 경험하지 못했던 고통과 불행이 너무 많습니다. 저는 다만 한 그루의 맹그로브나무처럼 제가 할 일을 하며 거기 서 있을 뿐입니다. 저의 자리를 기억하는 아이들은 반갑게도 다시 돌아옵니다. 아이의 고통을 가늠하고 추적하고 재구성한다는 것은 무척 고통스러운 작업입니다. 하지만 아이의 이상한 행동을 이상하게 보는 것은 너무 쉽습니다. 이것만큼 큰 무책임은 없다고 생각합니다. 아이의 이상한 행동을 이상하지 않게 보려는 태도야말로 어른에게 요구되는 책임감이며 『레 미제라블』이 전하는 메시지입니다.

♥♥♥ ————————

Q : 아이가 고통을 받는 상태인지 어떻게 알 수 있나요?

A : 해님이 오면 덩달아 웃고, 비님이 오면 덩달아 울적해지는 게 아이들 마음입니다. 웃음을 되찾은 꼬제뜨가 얼마나 예쁘고 고마웠으면 "웃음은 곧 태양이다. 웃음은 인간의 얼굴에서 겨울을 몰아낸다"고 했을까요? 하늘에서 내리는 비는 그치지만 마음에 내리는 비는 그치지 않아요.
아이 얼굴의 날씨를 엿보세요. 특히 웃음 태양이 떴는지 가렸는지.

인문 고전으로 하는
아빠의 아이 공부

4

아이
행동
변화시키기

1

우리 아이도 도덕적
용기를 낼 수 있을까요?

"샘의 원천에서 끊임없이 솟아나
밤낮 가리지 않고 틈 없이 메우며 나아간다."
_『맹자』

"소진, 공손연은
진정한 사나이가 아니다"

맹자(孟子, BC 372~BC 289)는 전국시대의 유학자로서 평생 '학공자學孔子'(『맹자』, 「공손추 상」), 즉 공자의 사상을 이어 발전시키는 데 열정을 바쳤습니다. 그는 공자의 손자인 자사子思의 문인門人에게 수업을 받았다고 했으니 맹자와 공자 사이에 놓인 시간은 100년이 조금 넘습니다. 하지만 중국 사회가 급변하던 시절이었던 만큼 공자의 정신과 흔적이 급속도로 사라져갔죠.

맹자는 자신의 책 맺는말에서 "공자로부터 오늘에 이르기까지 백여 년 남짓할 뿐이고, 공자가 살던 곳으로부터 여기까지의 거리가 이토록 가깝건만 아무것도 남겨져 있지 않으니 앞으로도 아무것도 없겠구나"(『맹자』, 「진심 하」)라고 했으니 절박한 마음이 생생히 전해집니다. 주周나라 중심의 오래된 봉건제가 붕괴하고 새로운 정치 질서가 요구되었고, 그 과정에서 끊임없는 전쟁과 살생을 반복해야 했던 전국시대. 공자와 유학의 인간학人間學은 법가와 병가 등 제자백가의 조직학에 밀려났습니다.

산업사회의 구조가 촘촘해지면서 인간과 가족이 소외되는 오늘날의 상황이 바로 맹자의 시대와 비교될 수 있을 것입니다. 개개의 인간성이 소외되고 존중받지 못하는 사회에서는 아이들이 자기 스스로를 수단으로 생각하도록 압박을 받습니다. '10억 원을 준다면 감옥에 가는 일도 불사하겠느냐'는 설문에 80퍼센트의 학생들이 '그렇다'고 답변했던 일을 기억하십니까? 10억 원이 목적이고 자기 자신은 수단이 되는 것입니다.

맹자는 공자의 어떤 정신을 새기고 싶었던 걸까요? 제가 볼 때 공자로부터 맹자로 전해졌을 것으로 보이는 것 중 가장 중요한 요소는 '용기'입니다. 바로 '도덕적 용기'입니다. '경춘景春'이라는 제자와의 대화에는 도덕적 용기가 무엇인지 잘 드러나 있습니다. 경춘은 "공손연公孫衍, 장의張儀야말로 진정 대장부大丈夫가 아니겠습니까?"라고 물었죠. 그들이 한 번 으름장을 놓았더니 전국의 제후들이 벌벌 떨었고 전쟁으로 들끓던 천하가 잠잠해졌으니까요. 맹자는 제자의 말이 가소로운 듯 단칼에 잘라버리죠.

"여자가 시집갈 때는 친정엄마가 유의사항을 챙긴다. 딸을 전송하며 이렇게 경고하지. '시댁에 가면 반드시 공경하고 몸을 삼가고 남편을 어기지 말아라.' 순종을 바름으로 삼는 것이 바로 '아녀자의 도'다."

- 『맹자』, 「등문공 하」

위 구절을 읽을 때 주의해야 할 점이 있습니다. 공자, 맹자, 아리스토텔레스 같은 고대의 철학자들이 공통적으로 가지고 있었던 시대적 한계를 감안해야 하죠. 맹자는 보수주의자이며 여성을 낮추어 보는 인식이 있었습니다. 공자 역시 "소인과 여자는 잘 대해주면 기어오르려 하고, 거리를 두면 원망한다"(『논어』, 「양화」)고 말했죠. 현재의 관점으로 이들의 여성관을 비판한다면 그 역시 정당하지 않다는 점을 먼저 말씀드리고 싶습니다.

장의와 공손연은 사나이로서 올라갈 수 있는 가장 높은 위치에까지 올라갔고, 왕 앞에서 당당하게 자신의 소견을 밝혔으니 그만하면 용감하다고 말할 수 있을 것입니다. 하지만 맹자가 말하는 용기는 이런 게 아닙니다. 장의는 진나라와 위나라의 재상을 지냈고 진나라를 축으로 여섯 개 나라를 위협하고 회유하여 천하를 호령하였습니다. 공손연 역시 다섯 개 나라의 재상을 지내면서 전국시대를 주름잡았습니다. 이름을 날렸을 뿐 아니라 폼 나게 살다 간 장의와 공손연에 대해서 맹자는 왜 이렇게 깎아내렸을까요? 세상에 기여한 것이 없었을 뿐 아니라 세상을 위태롭게만 했기 때문입니다. 사마천이 소진과 장의를 평가한 것도 비슷합니다. "이 두 사람은 참으로 나라를 기울게 하는 위험한 인물이었다고 하겠다."(『사기열전』, 「장의열전」) 이들은 겉으로는 화려했는지 몰라도 하루도 두 발 뻗고 편안하게 잠을 자지 못하고 노심초사 각국의 눈치를 보기 급급했죠.

> "이 무렵 소진은 이미 조나라 임금을 설득하여 합종을 약속받았지만 진나라가 제후들을 공격하여 합종 약속이 깨어져서 서로 등을 돌리지나 않을까 두려웠다."
> "진나라 무왕 원년, 신하들이 밤낮으로 장의를 헐뜯는 데다 제나라에서까지 또 사신을 보내 장의의 신의 없는 행위를 꾸짖었다. 장의는 죽게 될 것을 두려워했다."
>
> ─『사기열전』, 「장의열전」

맹자가 '아녀자의 도'라고 평가한 까닭이 드러났습니다. 맹자가 보기에 장의와 공손연은 대장부로서 도덕적 용기를 냈다기보다, 자신의 영달을 위해 제후와 세상에 복종하는 '아녀자의 도'를 실천한 것이었죠. 지금 우리 사회를 움직이고 있는 정치인, 기업가, 법관, 언론인 들의 모습이 그려지지 않으십니까? 개인의 영달을 위해서 사회에 해악을 끼치는 사람들의 모습을 아이들은 어떤 눈으로 바라보고 있을까요? 이 둘은 입신양명 외에 뚜렷한 목적이 없습니다. 분열된 중국을 통일하려는 열망도 없고 자기 이익에 따라 나라의 형세를 조작하였습니다. 그래서 위험하다고 한 것이죠. 공자의 제자 염구는 매우 유능한 인재입니다. 무술 실력과 작전 능력이 있었고 경영 능력까지 갖췄습니다. 하지만 도덕적 용기가 부족해 상급자의 뜻을 거스르지 못했습니다. 이 때문에 공자는 염구를 여러 번 야단쳤지만 고쳐지지 않았죠.

맹자가 말하는 '대장부'는 "천하의 넓은 집[인仁]에 살고, 천하의 바른 자리[예禮]에 서며, 천하의 큰 도[의義]를 실천"하는 사람입니다. 만약 인정을 받아서 출세하면 백성들과 함께 시대정신을 발휘하고, 뜻을 얻지 못하면 자기 자리에서 외롭게 도를 실천합니다.

"부귀함도 마음을 흔들어놓지 못하고, 찢어지는 가난도 생각을 바꾸게 할 수 없고, 서슬 퍼런 협박도 뜻을 꺾지 못하"(『맹자』, 「등문공 하」)죠.

도덕적 용기란 사람이 마땅히 해야 할 일을 포기하지 않는 것입니다. 사회생활을 하다 보면 조직 논리나 상황 논리에 따라서 자신이 옳다고 생각하는 것과는 반대되는 일을 해야만 하는 경우가 있습니다. 특히 사회가 혼란스러울수록 '마땅히 해야 할 일'을 하는 게 큰 용기를 필요로 하는 경우도 있습니다. 아이들이 자라서 선택의 기로에 놓인다고 상상해봅시다. 아이의 선택에 따라서 사회는 나아가거나 주저앉겠죠. 자신을 희생해서라도 해야 할 일을 하라고 가르치실 수 있으시겠어요? 어려운 문제죠.

공자와 맹자는 도덕적 용기의 명령을 거부하지 않고 행동했고, 그 결과에 따라 무수히 많은 불이익에 처해야 했습니다. 그래서 저는 두 사람을 존경합니다.

아이에게 도덕적 용기를
불어넣는 방법

　실수를 했을 때 아이에게 정중하게 사과할 수 있으신가요? 아이들은 창의력이 풍부하듯, 도덕적 용기도 풍부합니다. 하지만 이상하게도 학년이 올라갈수록 풍선의 바람처럼 쪼그라들고 맙니다. 사촌 형한테 한 대 맞은 첫째 아이가 맞대응하며 한 대 치려는 순간에 제가 붙잡았습니다. 대화를 했더니 첫째 아이가 사촌 형을 먼저 놀려서 싸움이 시작되었다고 말했습니다. 둘 다 잘못했기 때문에 모두 사과를 해야 하는데 누구에게 먼저 사과를 시킬 것인가 고민됩니다.

　저는 싸움의 원인을 제공한 사람이 먼저 사과하게 합니다. 한 대 맞은 첫째 아이에게 놀려서 미안하다고 사과하게 했습니다. 첫째 아이가 사과하자 사촌 형도 사과하게 했습니다. 사촌 형은 쭈뼛하며 "미안"이라고 짧게 말했습니다. 그러자 첫째 아이가 따집니다. 자신은 잘못했던 일을 말하며 사과를 했는데 형은 왜 짧게 사과만 하냐는 것이었습니다. 사촌 형에게 정식으로 사과를 하게 했습니다. 옆에서 이 광경을 보던 아이 엄마들이 실소하더군요. 제 아이가 먼저 잘못하거나 사과하기를 거부하면 제가 아이 대신 조카에게 사과를 할 때도 있습니다. 사과를 하는 것이 전혀 부끄러운 것이 아니고 오래도록 친하게 지내는 방법이라는 사실을 아이에게 몸소 가르쳐주면 아이 역시 잘못했을 때 사과를 곧잘 합니다. 아이는 나름대로 잘잘못을 판단하면서 사과를 할 필요가 없다고 결론을 맺었지만, 부모가 사과하는 모습을 보면서 다시 상황을 검토하죠. 그 과정 자체가 소중한 순간입니다.

자기 잘못을 스스로 인정하고 먼저 사과하는 건 정직한 태도입니다. "부끄러움을 아는 것은 용기에 가깝다"(『중용』)라는 말처럼 부끄러워할 줄 아는 도덕적 용기와 정직을 가지고 있는 아이의 표정은 불안하지 않고 평화롭습니다. 어떤 잘못을 저질렀을 때 먼저 인정하고 이야기를 꺼내 사과하는 건 꽤 번거롭고 두려운 일이지만 일단 실천하고 나면 온갖 불안이 사라집니다. 도덕적 용기는 '정직'과 '정의'가 담겨 있는 용기입니다.

반 친구들이 한 아이를 괴롭히거나 따돌리고 있을 때 아이는 어떻게 행동해야 할까요? 그 아이들이 괴롭힘에 동참하라고 압력을 가한다면 어떻게 해야 할까요? 도덕적 용기를 발휘하면 그 아이처럼 괴롭힘을 당할지도 모릅니다. 잔인한 시험이지만 누구나 빠져들 수 있습니다. 아이가 이 상황에서 머뭇거리지 않고 앞으로 나아가게 할 수 있을까요? 아이가 용기를 내서 행동하려면 적지 않은 시간이 필요할 것입니다. 어른들 대부분도 못하는 일이니까요. 앞으로 불이익을 감수한 용감한 행동들이 많이 나온다면 아이도 따를 것입니다.

마침 수업을 받는 학생들 중에서 영화 〈남한산성〉을 보았다는 친구들이 많아 병자호란 이야기를 들려주었습니다. 청나라 군인들이 조선 여자들을 잡아갈 때 남자들은 무엇을 했는가? 잡혀간 조선 여인들이 목숨 걸고 조국으로 탈출할 때 남자들은 무엇을 했는가? 목숨 걸고 탈출에 성공한 조선 여인들에게 남자들은 무엇을 했는가? 이런 질문들은 아이들, 특히 남자아이들의 도덕적 용기를 자극한다고 생각합니다. 세상에서 가장 불우하고 서러운 계층을 일컫는 '환과고독鰥寡孤獨'(『맹자』, 「양혜왕 하」)이라는 말처럼 우리 동양 역사의 자랑스러운 부분은 약자를 도와주는 것을 자신의 의무로 삼았다는 점입니다. 이것은 도덕적 사랑이죠. 사회는 우리를 태어나게 했고 자라게 했습니다. 우리가 건강하게 자라나 사회의 일원이 된 데 대해서 사회는 많은 비용을 내고 있습니다. 내가 힘이 생겼을 때 사회로부터 받은 것을 갚아야 한다는 마음. 이런 마음이 우리 가정에서도 자라나길 바랍니다.

♥♥♥ ────────────────

Q : 괴롭힘 당하는 친구를 보면서 아무 도움이 되지 못하는 아이가 괴로워하네요.

A : 귤나무 하나가 과수원을 다 책임질 수는 없는 노릇이지요. 짐을 다 지려 하니까 괴로운 것 아닐까요? 선생님이나 어른에게 도움을 요청하고 지혜를 모으면 수가 생기지 않을까요?

맹자 또한 "왕이 있는 곳에 있는 사람들이 지휘고하나 나이에 상관없이 모두 착한 선비인 설거주(薛居州)와 같다면 왕이 누구와 함께 악한 일을 하겠소? 또 왕 주변에 설거주 같은 사람이 없다면 왕이 누구와 함께 선한 일을 하겠소? 설거주 혼자서 송나라 왕을 어떻게 할 수 있겠소?"(『맹자』, 「등문공 하」)라며 한계를 인정했습니다.

2

아이에게 자연스러운 즐거움을
알려줄 수 있을까요?

"냉수에 밥 말아먹고 팔 베고 자도 난 즐겁기만 하다."
_『논어』

캠핑장을 들썩이게 한
개구리 한 마리

저는 어려서부터 호기심이 많아서 다른 사람을 유심히 관찰하는
걸 좋아했어요. 둘째 아이가 하는 행동은 엉뚱하지만 제 호기심을
자극할 때가 많아서 흥미롭습니다. 저는 아이들과 느긋하게 산책
하는 걸 좋아합니다. 산책을 하다 보면 제가 발견하지 못한 것들을
아이들이 보거든요. 캠핑장에 가면 빈둥거리며 주변을 두리번거립
니다. 사람들이 어떻게 노는지, 무엇을 먹는지, 아이들은 또 무엇에
즐거워하는지 보면서 무엇을 하면서 놀지 생각합니다.

둘째가 텐트 앞에서 놀다가 조그만 개구리를 발견했습니다. 손

바닥에 올려놓으면 팔딱 뛰어 도망가는 개구리를 유심히 살펴보고 또 만지고. 개구리에겐 미안한 일이지만 함께 캠핑 간 아이들은 덕분에 즐거웠습니다. 얼마 후 개구리를 물가에 놓아주었죠. 그런데 그 사이에 캠핑장 전역에 소문이 퍼진 겁니다. "우리 개구리 구경 가자!" 하는 소리가 여기저기 울려 퍼지더니 아이들이 물가를 향해 조그만 개구리를 구경하러 떼로 몰려갔습니다. 그날의 주인공은 개구리였고, 이를 발견한 건 둘째였습니다.

공자(孔子, BC 551~BC 479) 역시 관찰의 대가였습니다. 가장 아꼈던 제자 안회顔回가 자신과 이야기를 나눌 때 종일 "예", "예" 하고 대답만 해서 혹시 바보가 아닌지 의심한 적이 있죠. 그때부터 안회를 뒷조사하기 시작합니다. 안회는 혼자 있을 때도 스승에게 배운 것을 분명히 이해하고 실천하고 있었습니다. 공자는 비로소 안회가 어리석지 않다는 것을 알았습니다. 관찰을 통해서 평소에 잘못 알고 있었던 사실을 바로잡을 때도 있었습니다. 공자는 제자 재여宰予를 관찰하며 사람을 판단하는 방법을 바꿨습니다. "나는 처음에 사람을 대할 때 그의 말을 들으면 말 그대로 실천하고 있는가 보다 생각했지만, 이제는 남의 말을 들으면 과연 말대로 행동하고 있는지 관찰하기로 했다"고 말했습니다. 그리고 "재여가 나의 잘못된 습관을 바꾸게 만들었다"고 덧붙입니다. 『논어』를 보면 공자가 제자를 얼마나 사랑하고 있는지 알 수 있습니다. 제자들에 대한 관찰 역시 사랑에서 나온 것이죠. 때로는 제자의 관찰 결과에 의지하기도 합니다. 아빠들도 공자처럼 아이들과 관찰을 공유한다면 일상

생활이 훨씬 흥미로워지겠죠?

공자의 자연스러운
즐거움

저는 『논어』를 읽고 공자를 접하는 아버지들께 당부 하고 싶습니다. 공자가 동아시아에서 가장 위대한 정신을 소유했던 인물인 것은 사실이지만, 그도 역시 '사람'이라는 점을 잊어서는 안 됩니다. 성리학의 전통이 깊은 우리 문화에는 공자를 신성시하는 분위기가 있기 때문에 공자의 존재감에 억눌리면 '글'도 '정신'도 제대로 접하기 어렵습니다. 저도 공자의 행적을 접하던 초기에는 부담감을 느꼈지만, 지속적으로 『논어』를 읽고 공자와 대화하려고 노력했죠. 그 덕에 이제는 옆집 아저씨 같은 느낌으로 공자를 맞이할 수 있습니다. 아이들에게도 공자가 옆집 아저씨 같은 느낌이면 참 좋겠습니다.

공자는 자기보다 30여 년이나 어린 제자들과 대화를 즐기면서 생각을 굴리고 키웠습니다. 자신의 삶에서 어떤 것이 옳고 어떤 것이 가능한 것인지 헤아리는 혼자만의 여행길을 좋아했죠. 사람들 속에서 자신의 역할이 무엇인지 고민했고 말보다는 행동이 앞서기를 바랐습니다. 좋은 이웃, 좋은 친구, 좋은 신하가 되는 것은 결국 행동에 달려 있는 거니까요. 공자는 노자처럼 물을 좋아했습니다. 강물은 흐름을 끌고 가는 선구자도 없고 뒤처진 낙오자도 없습니다. 그저 흘러갈 뿐이죠. 후세 사람들이 공자를 성인聖人으로 숭상하므로 '인류'라는 강물의 맨 앞에 있는 것처럼 보이지만 공자 스스로는 그걸 바라지 않았습니다. 시대를 살아가는 한 명의 평범한 사람으로서 지금 이 순간에 마땅히 해야 할 일에만 집중했습니다. 『공자 평전』을 쓴 안핑 친은 공자를 "높은 곳으로부터 낮은 곳으로, 화려함으로부터 검소함으로, 명예로움으로부터 친밀함으로, 그리고 드러난 곳으로부터 아늑한 곳으로. 그것이 교양이었다. 좋은 모양새이기도 했다"라고 평가했습니다. 저도 백번 공감합니다. 이것이야말로 '자연스러운 즐거움'이라고 생각합니다.

> 공자가 말했다. "찬밥에 물 말아 먹으며 팔베개를 하고 누워도 그 속에 즐거움이 있으리라. 남에게 피해를 주면서까지 돈 벌고 지위를 얻는 것은 내 생각에는 뜬구름이나 다름없다."
>
> ―『논어』, 「술이」

우리 일상은 자연스럽지 않은 것으로 가득합니다. 이것이 자연스럽지 않은 까닭은 들여다보지 않기 때문입니다. 공자의 삶을 조금이라도 들여다본다면 그가 얼마나 자연스러운 삶을 살려고 노력했는지 알 수 있습니다. 아이와 자연스럽게 즐기려면 세심히 들여다봐야 합니다. 『논어』에 나오는 여덟 글자 '군군신신부부자자君君臣臣父父子子'를 기억하세요. '직장 상사는 직장 상사다운 모습, 부하직원은 부하직원다운 모습, 아버지는 아버지다운 모습, 자녀는 자녀다운 모습'을 실천하는 게 자연스러운 삶의 모습입니다. 저는 아이들이 부모보다 자연스러운 즐거움을 훨씬 더 잘 알고 있다고 생각합니다.

아이에게 자연스러운
즐거움을 선물하는 방법

자연스러운 삶을 살고자 했던 공자가 남긴 흔적은 역설적이게도 혁명적이었습니다. 시대 흐름이 공자 인생의 흐름과 합해졌기 때문입니다. 당시 주周나라 중심의 봉건질서는 붕괴하는 중이었습니다. 사회질서가 급격하게 무너진 것은 또 다른 기회이기도 했습니다. 100년 전 같으면 꿈도 못 꿨을 정계 진출의 기회가 찾아왔으니까요. 비천한 취급을 받던 상인 출신의 자공子貢, 관리들에게 억압과 수탈만 당하던 농민 출신의 자로子路 등 귀족이 아닌 평민 출신 제자들이 공자 문하에서 배출되어 중국 전역에 진출한 것은 공자가 만들어낸 큰 흐름입니다. 자연스럽고 평범한 것이 결코 평범하게 끝나지만은 않는다는 사실을 보여주는 좋은 예입니다.

저는 사회를 바꾸려고 시민운동에도 가담했었고, 교육을 바꾸려고 대치동 논술학원에도 발을 담가보았습니다. 가족의 생활을 윤택하게 하려고 사업도 벌여보았죠. 그러나 이것들은 자연스러움과는 거리가 멀었습니다. 조용히 자기 자리에서 주변을 가꾸며 할 일을 기다리다 보면 때가 온다는 사실을 뒤늦게 깨달았습니다.

눈앞에 가족이 있다면 몇 발자국 다가가 손을 내밀면 됩니다. 그런데 등을 돌려 지구를 한 바퀴 돌아서 가족에게 가려고 하고 있지는 않나요? 공자가 제시하는 자연스러운 즐거움이란 지극히 '공자다운' 답변입니다. 공자가 제자들에게 자신의 포부를 말해보라고 했을 때 자로는 "친구들과 마차와 옷가지 등을 함께 쓰다가 망가져도 섭섭해하지 않겠습니다"라고 대답했고, 안연은 "제 장점을 자랑하지 않고, 저의 공을 늘어놓지 않고 싶습니다"라고 대답했죠. 공자는 뭐라고 대답했을까요?

> 늙은이를 편안하게 해주고, 벗들에게 믿음을 주고, 어린 사람을 감싸주고 싶다.
>
> — 『논어』, 「공야장」

너무 뻔한 대답이죠? 하지만 뻔하고 평범한 거야말로 진짜죠. 첫째를 목욕시키는데 갑자기 "아빠, 존재가 뭐예요?"라고 물어보더라고요. 갑작스런 질문에 당황했지만 아이가 알아들을 만한 말을 생각했죠. 옆집에 사는 이모가 한 달 동안 먹고 싶은 거 다 먹여주고, 가지고 싶은 장난감 다 가지게 해주고, 가보고 싶은 곳 다 데려다준다고 해보자. 근데 엄마 아빠랑은 헤어져 있어야 해. 이모랑 한 달 동안 그렇게 살래, 안 살래? 이랬더니 첫째가 "안 살 거예요"라고 대답하더라고요. 그것이 바로 '존재'라고 말해줬어요. 세상 어떤 것과도 바꿀 수 없는 절대적인 것.

첫째 담임선생님과의 상담 시간에 물어봤더니 보건 교육 시간에 강사 선생님이 "여러분은 소중한 존재예요"라고 말했다고 하더라고요. 첫째 아이는 선생님의 말 중에서 자기가 모르는 단어를 기억했다가 목욕할 때 제게 물어본 거였죠.

아이들에게 줄 수 있는 자연스러운 즐거움이란 '함께 있어 주는 것'입니다. 함께 있으면 서로 다투기나 하고 쉽게 짜증내고 상처 준다고요? 그것이 떨어져 지내는 처지에 비하겠습니까? 아무리 바쁜 일이 있어도 같이 시간을 보내려고 노력하면 아이는 그 마음을 소중히 받아들일 거예요. 설령 진짜 시간이 없더라도 아이와 보내는 시간을 만들려고 노력하고, 아이와 함께 시간을 보내는 순간을 소중하게 여기면 어느새 아이들에게 자연스러운 즐거움이 도착해 있을 것입니다.

♥♥♥ ─────────────────────

Q : 아이와 일상을 자연스럽게 즐길 수 있는 방법이 있나요?

A : 단풍 구경을 하려는 사람과 나무를 심으려는 사람이 같은 산을 오른다고 해서 산을 대하는 마음까지 같지는 않습니다. 집안일도 마찬가지입니다. 텃밭에 물주기, 세탁기 버튼 누르기, 수저 챙기기 같은 집안일도 마음먹기에 따라 충분히 즐거울 수 있습니다.

『논어』에서 공자는 제자 안회의 청빈한 생활을 칭찬하며 "다른 사람이라면 불만 가득일 텐데 안회는 즐거울 뿐이구나"(「옹야」)라고 말했죠.

3

물건을 함부로 다루는
아이가 걱정이에요

"주는 방식은 준다는 사실만큼이나 중요하다."
_『증여론』(마르셀 모스, 한길사)

건강하고 계획적인
소비생활을 위한 실험

아이들 주머니에는 돈이 풍족한 편입니다. 맞벌이하는 부모님이 바빠서 아이들에게 돈을 쥐어주었기 때문입니다. 어떤 아이는 돈으로 친구들의 환심을 사기도 하고, 어떤 아이는 친구에게 노골적으로 돈을 달라고 하기도 합니다. 심지어 저에게까지 와서 요구합니다. 어떤 부모님은 문구점에 얘기해서 아이가 가지고 싶은 물건을 외상을 가져가게 하고 나중에 값을 치르는 경우도 있습니다.

저는 물건에도 '영혼'이 있다는 사회학자 마르셀 모스(Marcel Mauss, 1872~1950)의 생각에 동의합니다. 부모가 아이에게 넘겨주는

'돈'에도 영혼이 있습니다. 부모가 아이에게 쓰라고 준 돈에 대해서 뭐라고 따져 물을 수 있느냐고 항변하실 수도 있지만 그렇지 않습니다. 부모가 아이에게 생각 없이 쥐어주는 돈은 아이의 영혼에 심각한 영향을 미치고, 다른 아이를 거쳐 결국 제 아이에게까지 영향을 미칩니다. 첫째와 같은 학교에 다니는 고학년 아이는 군것질을 좋아해요. 그날도 고급 막대기 사탕을 첫째 아이에게 사줬어요. 그게 화근이 되었습니다. 둘째는 자기도 사탕을 사달라고 떼를 쓰더니 뜻대로 되지 않자 형에게 짜증을 냈고 그것으로 큰 싸움이 벌어졌습니다. 갑자기 생활에 들어오는 물건의 공격을 방어하는 건 만만치 않은 일입니다. 아이들이 돈을 쓰는 패턴을 오랫동안 관찰했습니다. 돈으로 친구들의 환심을 사려는 아이는 기대하는 목적을 달성하지 못하고 오히려 친구들의 조롱을 받는 경우가 많았습니다. 친구들과의 우애는 그런 식으로 돈독해지는 게 아니라 재밌게 놀면서 돈독해지기 때문입니다.

부모 딴에는 중간에 밥 먹을 시간이 없기 때문에 분식집에서 해결하라고 한 것인데, 아이들은 컵에 음식을 들고 다니면서 자랑합니다. 교육지책으로 아이들의 분식을 통제해보았지만 오히려 분식점 컵을 들고 나타나는 아이들이 늘어나는 느낌입니다. 다른 아이가 그렇게 하는 것을 보고 따라하는 거죠. 공부방 주변에 널브러진 컵이나 각종 음식물 쓰레기들은 분별없이 아이들에게 쥐어주는 돈에 대한 응징 같아서 가슴이 아픕니다. 이 외에도 소비가 아이들의 문화가 된 사례는 헤아릴 수 없을 만큼 많습니다.

아이들의 소비생활이 문란해지고 교만해지는 것은 돈의 씀씀이와 관련이 있다는 게 제 결론이었습니다. 그렇다고 돈을 아예 무시할 수도 없기에 건강한 소비생활을 위한 몇 가지 실험을 해보았습니다. '돈'에 대해서 아이들이 생각하게끔 만드는 것과 계획적인 소비를 이끌어내는 것을 놀이 방식으로 표현하는 것입니다.

"2,000원의 행복"이라는 이름의 파티를 열었습니다. 파티에 참여한 모든 아이들은 2,000원으로 무엇을 할 것인지 계획표를 써야 할 뿐 아니라 나중에는 보고서까지 써야 하는 어려운 미션이었어요. 아이들이 손수 쓴 보고서를 보고 저는 미소를 지었습니다. "돈 쓰는 게 이렇게 어려울 줄 몰랐다"는 글이 담겨 있었기 때문입니다. 아이들은 품을 들였던 일을 오래 기억합니다. 아이들에게 돈만 쥐어주어서는 안 됩니다. '소비 방식'까지 가르쳐줘야 합니다.

물건에 대한
감수성

물건을 주고받는 교환 행위가 어떻게 인류의 삶에 밑바탕이 될 수 있었을까요? 그것은 물건이 가지고 있는 본래의 특성 때문입니다. 물건에 영혼이 있기 때문이죠. 누군가에게 물건을 줄 때는 '물건뿐 아니라 영혼까지도 준다'는 말은 오래 기억할 만합니다.

증여자가 내버린 경우에도 그 물건은 여전히 그에게 속한다. 그는 그것을 통하여, 마치 그가 그것을 소유하고 있을 때 그것을 훔친 자에게 영향을 미치는 것처럼 수익자에게 영향을 미친다. 왜냐하면 '타옹가'(물건)는 그 숲, 산지와 토지의 '하우'를 품고 있기 때문이다. 그것은 진실로 그 토지 본래의 것(antive)이다. '하우'는 그것을 소지하는 자를 쫓아다닌다.

– 『증여론』

'하우(hau)'는 '바람'과 '영혼'을 동시에 가리키는 영적인 힘을 말합니다. 길을 가다가 버려진 물건을 집에 들였을 때 가끔 아이가 앓는 현상을 '동티가 난다'고 하잖아요. 둘째 아이가 아기였을 때 며칠 동안 동티가 난 후로 우리 부부는 길을 가다가 쓸 만한 가구를 집에 가져오는 습관을 버렸습니다. '물건에 영혼이 있다'는 말을 처음 접했을 때는 얼마나 놀랐는지 몰라요. 영혼이 있다는 사실에 충격을 받은 것이 아니라, 그동안 물건들의 영혼이 제게 외쳤던 많은 말들에 제가 오랫동안 귀를 닫았다는 사실 때문에.

『증여론』에 나온 이야기는 신비롭고 때로는 미신처럼 들립니다. 당시 원시 미개 사회로 유명했던 북아메리카 인디언 사회와 멜라네시아, 폴리네시아 같은 태평양의 여러 섬에 오래 머무르며 관찰한 기록이기 때문에 낯설 수밖에 없습니다. 모스는 아무도 찾지 않는 사회에서 인류의 보편적 법칙을 발견했고, 경제학과 철학 등 많은 학문 분야에 커다란 영향력을 미치고 있습니다. 당연히 제게도 큰 영향을 미쳤습니다.

저는 이 책을 읽고 돈을 함부로 쓰는 아이가 왜 이렇게 교만하고, 물건을 함부로 다루는 아이가 전반적인 학교생활에서 저조한 모습을 보이는지 이해할 수 있게 되었습니다. '물건에 대한 예의'라는 개념으로 발전시켰죠. 아이가 물건을 어떻게 다루는지 가만히 지켜보세요. 많은 것을 알 수 있습니다. 그리고 물건과 아이를 화해시켜주세요. 아이들이 물건을 함부로 다루는 까닭은 어떻게 다뤄야 하는지 배우지 못했기 때문이고, 물건이 자신에게 어떤 도움을 주는지 느끼지 못했기 때문입니다. '물건에 대한 감수성'은 아이가 어릴 때 부모가 키워줘야 합니다.

큰 선물을
쌓는다는 것

지금 세상을 지배하고 있는 인류에게는 매우 낯선 경제 논리가 아이들을 지배하고 있습니다. 물물교환, 시장 거래, 경제 논리, 이윤 추구, 효용의 극대화 등은 당연한 것이 아니라 최근에 만들어진 논리이며 인간 본성에 어긋난다는 모스의 주장은 매우 반갑습니다. 자본주의 경제 논리에 순응해야 할 필요 없이 인간이 오랫동안 살아오던 방식을 존중하라고 말해주기 때문입니다. 자본주의의 영향이 적은 원시 부족들의 생활상을 유심히 관찰해 "선물 경제(Gift Economy)"의 의미를 발굴해준 모스가 고맙습니다. 저는 순우리말 '내리사랑'도 선물 경제의 정신을 잘 반영한 낱말이라고 생각합니다. 만약 부모들이 자기 자식뿐 아니라 모든 자식들을 위해서 매우 큰 선물을 쌓아놓는다면 어떻게 될까요? 이것이 바로 모스가 말하는 '매우 큰 잉여물'입니다. 모스는 "그것들은 비교적 엄청난 사치를 동반하면서도 이익을 노리는 성질이 전혀 없는 순수한 낭비를 위해 쓰이는 경우"(『증여론』)라고 말합니다. 매우 큰 잉여물을 축적하는 사람을 부모나 어른이라고 생각하면 우리가 무엇을 해야 하는지 명확해집니다. "어른들이 다음 세대를 위해서 충분히 쓸 수 있을 만큼의 선물을 쌓아두는 것이 매우 중요하다"고 말한 한 사회학자의 이야기가 떠오릅니다.

어린 시절 어머니는 '손해 친화적인 거래'를 가르쳐주셨습니다. 초등학생 때는 일회용 카메라를 썼습니다. 사진을 찍고 사진관에 사진 값과 함께 일회용 카메라를 맡기면 사진만 돌려받는 방식이었죠. 사진 한 장의 값은 200~300원 정도였습니다. 어머니는 제게 다른 친구에게 받은 사진은 300원을 주고 사고, 제가 주는 사진에는 돈을 받지 말라고 당부하셨습니다. 어린 마음에 아무리 생각해도 그것은 수지맞는 장사도 아니고 본전도 안 되는 장사였습니다. 아주 오랜 시절이 지나고 나서 그 뜻을 알았죠. 『중용』이라는 책에는 "갈 때는 후하게 주고 올 때는 적게 받으라"는 '후왕박래厚往薄來' 정신이 담겨 있습니다. 조그마한 계산에 집착하지 말라는 동양의 오래된 지혜죠. 큰 선물을 쌓는 것과 같은 맥락이죠.

사실은 제 아이들도 작은 계산에 민감합니다. 밥을 먹고 나서 자기 그릇 외에 남의 그릇까지 치우라고 하면 큰 손해라도 본 것처럼 서운해합니다. 자신이 했던 선행과 선물, 그리고 남을 위해 손해 보는 일이 사실은 모두 '큰 계산기'로 계산되고 있다는 사실을 알려면 더 많은 경험과 지혜가 필요할 것 같습니다. 그것은 말로 가르칠 수도 없는 거니까요.

하루에 하나씩만 아이들에게 선물을 주는 건 어떨까요? 칭찬 선물, 그림책 읽어주기 선물, 좋아하는 반찬 만들어주기 선물, 화가 날 때 한 번 참기 선물. 마르셀 모스도 선善과 행복을 멀리서 찾지 말라고 했어요. 그것은 "부과된 평화 속에, 공공을 위한 노동과 개인을 위한 노동이 교대로 일어나는 리듬 속에, 또한 축적된 다음 재분배되는 부 속에 그리고 교육이 가르치는 서로 간의 존경과 서로 주고받는 후함 속에"『증여론』 있다고 가르쳤죠. 행복하기 위해서는 아이에게 할 수 있는 선물을 맘껏 줌으로써 가족 스스로를 따뜻하게 만들고 서로의 영혼을 살찌워야 합니다.

♥♥♥ ────────────────────

Q : 아이가 물건을 소중하게 다루게 하려면 어떻게 해야 할까요?

A : 눈앞에 없어야 아쉽고 그립고 소중한 마음이 듭니다. 넌지시 경고를 해주세요. 사라질 수 있다고. 어김없이 물건은 사라지거나 망가집니다. 그때 물건의 소중함을 다시 일깨워주세요. 부모는 아이가 원하는 물건을 바로 줘서는 안 됩니다.

숲의 악령은 이유 없이 너무 많은 것을 준 어느 브라만에게 "그것이 바로 네가 야위고 창백한 이유이다"라고 했죠. (『마하바라타』, 『증여론』에서 재인용)

4

스마트폰에 빠져 사는 아이,
어떻게 해야 할까요?

"기계적 테크놀로지에서 전기적 테크놀로지로 이동할 때
모든 사람들은 정신적 충격을 받게 되고 혹독하다고 느끼게 된다."
_ 『미디어의 이해』(마셜 맥클루언, 커뮤니케이션북스)

전자매체에 갇힌
유년 시절

스마트폰과 PC는 아이들에게 대세가 되어버렸습니다. 더욱 안타까운 것은 전자기기의 노출이 제도화되었다는 점입니다. 초등학교와 유치원에 다니는 두 아들의 공개수업에 갔을 때 수업의 대부분을 TV 모니터에 의존하는 모습을 보고 깜짝 놀랐습니다. 전자교과서를 도입하는 문제와 학교에서 각종 전자매체로 이루어지는 학습 방법에 대한 학문적 연구가 더 엄격하게 이루어져야 합니다.

저는 어렸을 적에 게임 중독에 몇 번 빠졌습니다. 초등학교 3학년 때부터 고등학교 2학년 때까지 전자오락기의 굉음에서 빠져나

오지 못했죠. 전자오락에 중독된 저 때문에 어머니께서 고생을 많이 하셨습니다. 전자오락실로 퇴근하시는 게 일상이었으니까요. 언젠가 제가 이런 말을 했다고 해요. "엄마, 전자오락을 멈출 수 없어요. 눈을 감으면 천장에서 전자오락 게임이 나타나요."

저는 게임에 대한 집착을 아주 오랫동안 천천히 극복했기 때문에 사람이 게임에 빠져드는 패턴을 잘 압니다. 어릴 적에 전자매체에 영혼을 빼앗겨보지 않은 분들은 아이들이 전자매체에 마음을 빼앗기는 모습이 낯설게 느껴질 수 있습니다. 단도직입적으로 말해 어린이들은 전자매체에 대항할 힘이 없습니다. 어른들도 문자메시지를 확인하다가 전자메일을 확인하고, SNS를 보다 보면 시간이 훌쩍 지나가지 않나요? 어른도 절제하기 어려운데 아이들은 어떻겠습니까? 아이들이 한 시간 정도 공부를 할 때 몇 번이나 스마트폰을 만지작거리는지 모릅니다. 아이 머릿속에서 30분 만이라도 스마트폰을 잊게 하기란 어렵습니다. 그래서 대부분의 중학교에서는 일과 시간에 스마트폰을 압수하죠.

공교롭게도 제 아이들 역시 스마트폰 절제를 힘들어합니다. 우리는 주말에만 허용하고 있지만, 첫째 아이는 눈을 뜨자마자 인사도 하지 않고 "아빠 전화기요"라고 말하죠. 잠을 자면서도 스마트폰 할 생각에 설렌다고 하니 섭섭하기도 하고 안타깝기도 합니다. 스마트폰과 PC 등 전자매체가 대세가 된 상황이라면 이 상황에 맞는 대응 전략이 필요합니다. 집에서 사용하지 않더라도 아이가 집밖을 나가는 순간 스마트폰에 노출될 테니, 전자매체에 대한 가족의 입장을 가지지 않는다면 금방 물들어버릴 것입니다. 스마트폰 파도에 대응하기 위해서는 매체(media)가 무엇인지 알아야 합니다. 전자매체도 매체 중의 하나니까요. 저는 마셜 매클루언의『미디어의 이해』를 읽으면서 전자매체의 파괴력을 알게 되었습니다.

중추신경에 영향을 미치는 스마트폰 사용

우리의 새로운 전기적 테크놀로지는 우리 신체의 확장이 아니라 우리 중추신경체계의 확장이기 때문에, 우리는 언어를 포함한 모든 테크놀로지를, 경험을 처리하는 수단 그리고 정보를 추적하고 빠르게 하는 수단으로 간주한다.

– 『미디어의 이해』

마셜 매클루언(Herbert Marshall Mcluhan, 1911~1980)은 커뮤니케이션과 미디어 연구의 선구자로 평가받고 있습니다. 영문학자이기도 하기에 표현에서 문학적 상상력이 엿보입니다. 이 책의 부제가 '인간의 확장'이라는 점을 기억하세요. '미디어'는 단지 방송매체나 인터넷, SNS 등에 한정하는 게 아닙니다. 설거지를 할 때 맨손으로 자꾸 하다 보면 주부습진이 생길 수 있습니다. 고무장갑을 사용하면 그래도 좀 나은데, 고무장갑이 손을 대신하는 거죠. 이렇게 인간은 맨몸, 맨손을 대신할 물건을 원합니다. 그것이 바로 미디어입니다.

하지만 미디어에 너무 의존하다 보면 맨몸이 퇴화해버리죠. 세탁기에 자꾸 빨래를 맡기다 보면 손빨래를 잊어버리는 것처럼.

스마트폰과 PC는 옷이나 자동차 같은 다른 미디어들과는 달리 '중추신경'에 영향을 미칩니다. 중추신경은 신경 정보의 중앙처리 장치죠. 그러니까 아이가 스마트폰을 자주 하는 것은 시력이나 집중력에만 영향을 주는 게 아니라 운동 기능, 언어 기능, 시각 기능, 청각 기능, 대사의 조절, 체온과 일주 리듬의 유지, 갈증, 굶주림, 피로의 조절, 호흡, 혈액 순환, 자세와 균형의 유지, 근육 긴장의 유지, 자율 신경계의 반사작용 및 교감신경계와 부교감신경계에 모두 작용합니다. 절제하지 않는다면 아이의 몸과 마음 전체에 회복할 수 없는 악영향을 미칠지 모릅니다. 저도 아이들의 스마트폰 사용이 두렵습니다.

그렇다면 교육 목적의 전자매체는 아이에게 유용할까요? 응용학습심리학자이자 발달분자생물학자인 존 메디나의 『내 아이를 위한 두뇌코칭』에는 워싱턴대학과 월트디즈니사의 유명한 논쟁이 실려 있습니다. 세계적인 애니메이션 기업인 월트디즈니사가 교육용 비디오와 DVD를 출시하며 유치원 아이들의 인지수행 능력을 향상시킨다고 주장했을 때 워싱턴대학에서 이를 검증했습니다. 실험 결과 '베이비 아인슈타인' DVD 등 디즈니 제품들이 유치원 아이들의 인지 능력 향상에 효과가 없는 것이 확실하다고 발표했습니다. 대상 시청자인 17~24개월 아기들의 어휘에 긍정적인 영향을 끼치지 못했을 뿐만 아니라 오히려 해를 끼칠 수도 있다고 보고 했죠. 워싱턴대학은 아기들이 하루에 특정 아기 DVD와 비디오를 한 시간 더 시청할 때마다 "시청하지 않은 아이들에 비해 단어를 평균 6~8개 정도 더 적게 알아들었다"(『내 아이를 위한 두뇌코칭』)는 연구 결과를 보고하였습니다. 월트디즈니사는 어떻게 대응했을까요? 워싱턴대학이 실험 결과를 발표한 지 2년이 지난 2009년 10월 해당 제품을 모두 리콜했고 포장지 문구에서 '교육적인(educational)'이라는 단어를 삭제했죠.

전자매체에 대해서는 분명히 말할 수 있습니다. 아이에게 노출을 최소화하고 스마트폰을 사주는 연령대는 늦을수록 좋으며, 공교육 현장에서도 대형 모니터 등의 전자매체 활용 의존도를 줄여나가야 합니다. 답은 이미 정해져 있죠. 컴퓨터를 대중화하는 데 결정적인 기여를 한 빌 게이츠도 자녀가 14세가 되기 전까지는 스마트폰을 쓰지 못하게 한다고 인터뷰에서 밝혔죠. 페이스북의 창립자 마크 저커버그는 자신이 먹는 닭, 돼지 등을 직접 도살한다는 기사가 화제가 되었죠. 이들은 세계적인 미디어 전문 기업가이니 누구보다 미디어에 대한 이해가 깊죠. 그들이 왜 그렇게 행동하는지 깊이 생각해보아야 합니다.

마셜 매클루언은 인간이 외부에 의존하는 게 많아지고 직접 하는 게 줄어들수록 정신이 좀먹게 된다는 사실을 토인비의 역사 연구 결과를 가지고 실증적으로 분석했습니다. 그는 그리스와 로마의 영광이 붕괴된 원인을 '노예 노동'에서 찾고 있습니다. 솔론 시절만 해도 그리스인들은 농업 수출을 위해서 큰 그림을 그렸고 많은 전문가를 배출했죠. 그 결과 "생활에는 행복한 성과들이 생겨났고 휘황찬란한 에너지의 분출"(『미디어의 이해』)이 있었죠. 하지만 기술적으로 전문화된 노예 군단이 농경에 종사하면서 "자작농과 소작농이라는 사회적 존재가 사라져 버렸"습니다. '공짜 점심은 없다'는 말처럼 우리가 손쉽게 얻으면 잃어버리기도 쉽다는 건 인생의 이치입니다. 저는 아이들의 스마트폰 사용 문제가 부모의 생활 습관과 무관하지 않다고 생각합니다. 스마트폰 문제를 계기로 직접 해도 될 일도 기계에 지나치게 의존하는 것은 없는지 살림을 돌아볼 필요가 있습니다. 식기세척기나 건조기, 로봇 청소기 등 일상생활의 편리를 추구하는 제품들이 많이 있죠. 하지만 이것들이 우리의 신체와 정신의 일부분을 소리 없이 절단하고 있다는 마셜 매클루언의 경고는 지금도 유효합니다.

디지털에 맞서는
지속적인 아날로그 전략

솔직히 저 역시 전자매체와의 싸움에서 계속 지고 있습니다. 매체의 해악성도 잘 알고, 답도 이미 정해져 있다는 걸 알지만 현실에 적용하기는 힘겹습니다. 이미 전자매체에 오래 노출돼버린 아이들은 저처럼 '중독'까지는 아니지만 온 신경을 빼앗긴 상황입니다.

제 지인은 좋은 시도를 하고 있습니다. 아이들에게 스마트폰의 해악성을 충분히 설명하고 사용을 최대한 하지 않는 것만이 정답임을 호소했죠. 그리고 스마트폰 절제에 대한 보상으로 등산도 하고 영화도 보는 등 즐거운 시간을 보낼 수 있다고 말했습니다. 부모가 아이들에게 진심으로 이야기한다면 아이들은 받아들일 것이라는 생각이 들더군요. 이 방법이 훌륭한 까닭은 구체적인 대안까지 제시한다는 점이었습니다. 진심어린 호소만으로는 아이들을 설득하기 어렵죠.

'아날로그 전략'을 어떻게 짜느냐에 따라서 '디지털'을 극복할 열쇠를 얻을 수 있습니다. 인간의 몸은 아날로그이기 때문입니다. 지속적으로 할 수만 있다면 아이들의 관심을 스마트폰으로부터 돌리는 것이 가능하다는 희망을 가졌습니다. 저는 아이들과 보내는 시간을 조금씩 늘려가고 있습니다. 그리고 저녁에 아이들과 운동하는 시간을 마련했습니다. 아빠는 스마트폰이나 텔레비전 등 강력한 경쟁자들과 함께 아이의 마음을 얻기 위해 투쟁하는 '플레이어들' 중 하나라는 사실을 잊지 않아야 겠습니다.

♥♥♥ ─────────────

Q : 일상에서 아이와 함께 다양한 미디어에 의존하는 습관을 줄일 수 있는 실천법이 있을까요?

A : 스마트폰에 빼앗기든, 놀이에 빼앗기든, 마음은 하나입니다. 『미디어의 이해』에서는 "우리가 파괴적으로 추구해야 하는 문화적 전략은 놀이의 정신이다. 놀이는 모방이라는 것을 통해 실제 삶 속의 뜨거운 상황들을 식혀 준다"고 했죠. 집안에 있는 갖가지 미디어를 예술의 재료로 재창조할 수도 있어요. 밥을 다 먹고 나서 수저로 여러 그릇을 두드려봐도 재밌습니다. 스마트폰을 대신할 수 있는 즐거운 계획(소풍이나 캠프 등)을 세워보는 것도 좋지요.

5

아이와의 다툼은
피해야 하나요?

아이와의
줄다리기

많은 아이를 상대하다 보면 아이의 수에 말려들 때가 있습니다. 아이의 노림수에 속을 때도 있고, 아이가 갑자기 화내거나 울면 당황할 때도 있습니다. 아이는 매우 빠르고 어른은 느리기 때문에 감정 속도를 따라가지 못할 수도 있고, 각자 생각하는 게 전혀 다르기 때문에 갈등이 생기는 경우도 있습니다. 때로는 전략적으로 다가갈 필요가 있습니다. 아이가 버릇 없게 굴거나 수업을 방해하거나 터무니없이 떼쓰는 경우에는 제어를 해야 합니다. 하지만 무턱대고 제어를 하면 좋지 않게 끝나는 경우가 많습니다. 지나고 나면 그 때 한 번 참았으면 참 좋았을 텐데 하는 생각이 듭니다. 매번 참을 수도 없는 노릇이니 어느 시점에서 참고, 버럭 해야 하는지 참 어려워요.

한번은 역사 수업 중에 배경이 되는 이야기를 꺼내면서 흥미를 돋우려고 했는데 한 아이가 "선생님, 수업이나 하시죠?" 하고 어기댔습니다. 그 아이는 제가 수업은 안 하고 쓸데없는 소리를 한다고 생각했던 모양입니다. 저는 참지 못하고 무례함을 책하며 크게 혼냈습니다. 안타깝게도 그게 그 아이와의 마지막 수업이 되었습니다. 비가 많이 내리던 그날 아이는 저와 공부하던 책을 하수구에 쑤셔 박는 방식으로 저에게 작별을 고했습니다. 이 일로 인해 그 전에 제가 했던 여러 가지 일들이 모두 안 좋은 행동으로 비춰지며 공부방 운영도 위기를 맞았습니다.

그 때 두 가지 다짐을 했어요. 아이들 앞에서 화내는 일은 어떤 경우라도 매우 신중히 해야겠다고. 그리고 아이들과 갈등 상황이 생길 것 같으면 전략적으로 다가가야겠다고. 아이들도 어른들을 상대로 작전을 짜고 분석을 합니다. 제가 아이와 두뇌싸움을 마다하지 않는 까닭은 아이가 쓸데없이 잔머리를 쓰는 걸 방지하기 위해서입니다.

첫째 아이는 스마트폰을 하지 않기로 한 날, 슬그머니 엄마 스마트폰을 빼돌리기도 하고, 아무도 없는 방에 숨어서 하기도 하죠. 어떤 아이는 엄마 아빠가 몇 시에 들어오는지 확인 전화를 해서 동선을 파악한 후 신나게 컴퓨터 게임을 하죠. 아이들이 쓰는 작전은 끝이 없어요. 이 상황에서 부모는 어떻게 해야 할까요? 저는 '응전應戰'을 피하지 않습니다. 속더라도 알고 속아주는 것과 감쪽같이 모르는 것은 다릅니다. 사기꾼만 사기 치는 방법을 배워야 하는 것은 아닙니다. 사기를 잘 당하는 사람도 사기 치는 방법을 배워야 당하지 않으니까요.

한글 쓰기 다섯 장을 약속해놓고 뒤에 한두 장만 하거나 학교에서 숙제를 안 냈다고 거짓말하는 '귀여운 사기'는 학교 안내문만 확인해도 찾아낼 수 있습니다. 하지만 오랫동안 이런 일들이 반복되면 문제가 생깁니다. 사소한 사기로 부모님을 탐색해본 결과 무관심하다고 판단하면 아이의 거짓말은 점점 대담해지죠. 아이의 거짓말은 부모의 관심을 요구하는 또 다른 주문입니다. 부모 자신이 아이에게 얼마나 관심을 가지고 있는지를 알고, 아이의 행동을 제대로 아는 '지피지기知彼知己'의 지혜를 『손자병법』에서 배울 시간입니다.

<u>용의주도한</u>
<u>손무 씨</u>

『손자병법』 중에서 가장 유명하지만 잘못 사용되는 말이 '지피지기백전불태知彼知己百戰不殆'입니다. '나를 알고 상대를 알면 백 번 싸워도 위태롭지 않다'는 의미의 뒷부분을 '백전백승百戰百勝'이라고 하는 건 손자孫子의 사상을 오해하는 것입니다.

대적할 만하면 적을 맞아 싸울 수 있고, (적보다 병력이) 적으면 달아나며 [적의 병력과] 대적할 만하지 못하면 적을 피해야 한다. 그러므로 작고 약한 군대가 적을 맞아 견고하게 수비한다면 강대한 적의 포로가 된다.

─『손자병법』, 「모공」

백전불태百戰不殆를 백전백승百戰百勝으로 잘못 알고 있는 부모가 많기 때문에 아이와 다투면 무조건 이겨야 한다는 잘못된 믿음이 생겨납니다. 백전불태는 '생존의 정신'입니다. 생존해야만 후일을 도모할 수 있기 때문에 전쟁에서의 승리보다 생존이 더 중요합니다. 가족으로 비유하자면 '관계의 생존'입니다. 부모와 자식의 대결에서 승패보다 중요한 것은 관계가 깨지지 않는 것입니다. 하지만 승패에 집착하다 보면 아이의 신뢰를 잃어버릴 수 있습니다.

기선을 제압해야 아이를 제대로 키울 수 있다는 고정관념을 깨뜨리고 '위태롭지 않은 관계'를 목표로 두는 것이 좋습니다. 제가 아이의 작전을 초기에 진압하지 않는 까닭은 아이가 어떤 욕구를 가지고 있는지 조금 더 자세히 살펴보기 위해서입니다. 아이의 돌발 행동 역시 아이에 관한 정보를 많이 담고 있으니까요.

반대로 아이에게 번번이 지는 것 역시 좋은 방법은 아니라고 생각합니다. 아이를 교만하게 만들 수 있으니까요. 『손자병법』에서 배울 수 있는 것은 '승리'가 아니라 '전쟁' 자체입니다. 전쟁의 세부적인 기술과 이기는 방법뿐 아니라 전쟁이 발생할 수밖에 없는 근본적인 원인도 알 수 있습니다. 손자는 "전쟁이란 나라의 중대한 일"이라고 했습니다. 아이와의 전쟁도 가정의 중대한 일이죠.

"적국을 온전히 하는 것을 상책으로 여기며 적국을 쳐부수는 것을 그 차선"으로 하라는 말에 유의해야 합니다. 대화할 상대가 없어지면 전쟁에 쏟은 모든 노력도 무의미해지니까요.

『손자병법』은 병가서이지만 노자의 영향을 많이 받았습니다. 노자의 『도덕경』을 읽고 아이의 특성을 이해하고 '물'의 성질을 육아에 사용할 수 있다면, 『손자병법』은 구체적이고 다양한 상황에서 아이의 여러 가지 작전을 방어하고 대응하는 방법을 배울 수 있죠.

> 용병의 형세는 물과 같은 형상을 띠어야만 한다. 물이 흘러감은 높은 곳을 피하여 아래로 달려간다. 용병의 형상은 실한 곳을 피하고 허한 곳을 치는 것이다. 물은 땅의 형태에 따라 흐름을 만든다. 용병은 적에 따라 승리를 만든다. 따라서 용병은 영원한 형세가 없고 물은 영원한 형태가 없다. 적의 변화에 따를 수 있기 때문에 승리를 취할 수 있는 것이므로 이를 일컬어 '신神'이라 부른다.
>
> – 『손자병법』, 「허실」

손자의 '허실虛實'만 잘 알아도 아이 키우는 데 큰 도움을 받을 수 있습니다. 크게 혼낼 것처럼 분위기를 만든 후에 의외로 따뜻하게 말해주고 선물도 주면 아이는 당황하면서도 반항하려던 마음을 내려놓습니다. 반대로 무심코 했던 나쁜 행동에 강하게 주의를 주면 긴장합니다. 아이와의 관계에서 제가 가장 신경 쓰는 부분은 패턴을 읽히지 않는 것입니다. 어떤 잘못을 했을 때는 반드시 잔소리를 하거나 혼낸다는 걸 아이가 알고 있다면 그 행동은 피합니다. 저는 어른에게 반말을 하거나 친구에게 공격적인 말을 하거나 물건을 함부로 하는 행동은 엄하게 단속하기 때문에 아이들이 애초부터 피합니다.

아이들이 의외로 강하게 반항하거나 집단을 이뤄서 항의하면 어른은 당황할 수 있습니다. 『손자병법』의 「구지九地」 편에 나오는 '솔연率然'이라는 뱀을 기억하십시오. 손자가 용병을 잘하는 장수를 비유한 동물이 바로 솔연이죠. "그 머리를 치면 꼬리가 달려들고, 그 꼬리를 치면 머리가 달려들며, 그 허리를 치면 머리와 꼬리가 모두 달려든다"고 하니 도무지 약점이 보이지 않습니다. 이 비유에 담겨 있는 또 하나의 의미가 있습니다. 아이들에게 강압적으로 대하려 하지 말고 최대한 부드럽게 대응하라는 것입니다. '흥분하면 지는 거다'라는 말도 있잖아요. 몇 마디 주의를 주었는데 강하게 반항하면 잠시 뒤로 물러났다가 차분히 이야기를 끄집어냅니다. 그리고 나서 한명씩 따로 상대합니다. 때로는 직전에 좋지 않은 일이 있었을 수도 있기 때문에 무턱대고 야단치려고 해서는 안 됩니다. 마음이 진정되지 않은 상태에서 흥분하면 어떤 일이든 그르치기 쉽습니다. 물이 흘러가는 모양을 가만히 관찰해보면 앞에 장애물이 있거나 땅의 상태가 고르지 못할 때 피해갑니다. 하지만 멈추지 않고 계속 갑니다.

『손자병법』으로부터 뒤늦게 얻은 교훈도 있습니다. '하지 말아야 할 것'에 관한 것이죠. "길에는 가지 말아야 할 길이 있고 성에는 공격하지 말아야 할 성이 있고 땅에는 다투지 말아야 할 땅이 있으며 군주의 명령에는 받아들이지 않아야 할 명령도 있다"는 말을 진작 알았다면 한 아이에게 상처 주는 일도 없었을 것입니다. 장난이 심하고 난폭한 남자아이가 있었습니다. 제어하기가 무척 어려워 거칠게 다룰 때도 있었죠. 너무 심하게 까불면 몽둥이를 들기도 했는데, 그것이 그 아이의 '역린'이었습니다. 겁이 많아서 때린다고 겁주거나, 몽둥이를 들면 튕겨나갔습니다. 아이마다 건드리지 말아야 할 것이 있습니다. 그게 무엇인지 파악하는 게 무척 중요하죠. 물처럼 부드럽게 흘러가다 보면 조심해야 할 것들도 잘 보이지만, 자칫 평정심을 잃고 감정적으로 행동하면 아이와의 관계도 틀어지고 놓치는 것도 많아지더라고요.

'교만한 아이'를
말한 손자

『손자병법』은 군사를 운용하는 장군을 대상으로 쓴 책이기 때문에 아이를 키우는 부모나, 학생을 지도하는 선생님, 직원을 이끄는 임직원이나 사장에게 큰 지혜를 줍니다. 손자가 부모에게 남긴 지혜로 '교만한 아이'에 대한 이야기가 가장 인상 깊었습니다. 인문고전을 현실 생활에 적용할 때 가장 중요한 것은 첫째도 중용, 둘째도 중용, 셋째도 중용입니다. 공자도 중용을 말했고, 아리스토텔레스도 중용을 말했고, 손자도 중용을 말했죠. 그런데 손자의 중용은 지키지 않으면 많은 사람이 목숨을 잃을 수 있는 위험한 상황이기에 무게감이 더 큽니다. 아이를 크게 혼낼 수는 있습니다. 그것이 감정적인 것은 아니었는지, 계획과 원칙에 의한 것인지, 아이가 혼나는 상황을 순순히 받아들이고 있는지, 부모는 편파적이지 않았는지, 한 아이만 지나치게 혼낸 것은 아닌지 등을 되돌아보아야 합니다. 혼내는 근거가 분명하지 않거나, 합리적이지 않다면 아이는 부당하다고 생각하죠. 부모가 혼내는 것을 아이가 부당하게 생각하기 시작하면 반항이나 거짓말을 하는 부작용이 뒤따릅니다.

손자는 "병졸을 대하는 것은 마치 어린아이 대하듯 해야 한다"고 말했습니다. 한곳에서 삶과 죽음을 함께하니 가족보다 더 끈끈한 게 전우죠. 하지만 병사들에게 너그럽게만 대하거나 혼내기를 꺼려하면 교만한 자식처럼 되어버린다는 게 손자의 경고입니다. 앉으면 눕고 싶고, 누우면 자고 싶은 게 사람 마음이고 아이 마음입니다. 어떤 방향을 가지고 아이와 더불어 나아가면 아이와 한 팀이 될 수 있습니다. 위대한 군대에 졸렬한 병사가 없다는 말처럼 어른이 어떻게 이끌고 가느냐에 따라서 아이의 반응이 달라지죠.

저는 학생들을 지도할 때나 아이를 기를 때 『손자병법』에서 배운 '교만한 아이'에 관한 이야기를 응용해 최소한의 목표를 설정했습니다. 저와 관계된 모든 아이들을 최소한 교만하지 않게 만드는 것입니다. 아이를 교만에 빠지지 않게 하기 위해 불편한 말을 하고 다툼을 피하지 않으며 괴롭지만 크게 혼내는 것입니다. 교만할 위험이 있는 아이는 혼내거나 큰소리를 쳤다고 해서 변화하지 않습니다. 그 아이가 복종할 수밖에 없을 만큼 규칙의 일관성을 유지해야 합니다. 아이들에게 센 척하려고 저와 대화하는 중간에 살짝 반말을 섞어서 쓰는 녀석이 있었습니다. 저는 분위기가 깨지는 것을 감수하고 반말을 엄격히 다스렸습니다. 한 번은 그 아이가 "반말 안 썼어요!" 하면서 무척 억울해하더라고요. 존댓말을 명확하게 표현하지 않는 것도 반말이라고 말하며 물러서지 않았습니다. 이 대화를 통해 그 아이는 최소한 어른에게 반말을 써서는 안 된다는 사실에 복종하는 셈입니다. 이렇게 반드시 지켜야 하는 '최소한의 조건'들을 지정하고 물러서지 않는 노력도 필요합니다.

♥♥♥ ──────────────

Q : 아이가 일부러 부모의 화를 돋우려고 도발할 때는 어떻게 대응해야 하나요?

A : 고양이도 제 맘을 알아주지 않는 주인에게 생채기를 냅니다.

아이는 부모를 1분 만에 소리 지르게 할 수 있는 재능을 타고났죠. "그들이 방비하지 않은 곳을 공격하고, 그들이 생각하지 못한 곳으로 출격"하니까요. 화를 내기 전에 아이의 의도를 파악하세요.

6

아이의 뜻을 꺾지 않고
거절하는 방법이 있을까요?

"같은 의미라도 그것을 표현하는 말에 따라 다르게 된다."
_『팡세』(블레즈 파스칼, 서울대학교출판문화원)

아이의 뜻을
거절하는 어른

아이의 요구를 거절하는 것은 불편한 일입니다. 주말에만 스마트폰을 하기로 약속했는데 평일에 공휴일이 끼면 애매합니다. 아이는 쉬는 날이니까 해도 된다고 주장하지만 어림없는 일입니다. 얼굴이 붉어지고 울고불고 불평을 쏟아냅니다. 아이를 키우면 거절해야 할 상황이 생깁니다. 거절하지 않을 수 없죠. 어떤 아이들은 거절에 매우 민감합니다. 합리적인 요구도 아니면서 거절은 부당하다고 생각하죠.

"선생님 와봐요"라고 저를 부르는 아이가 있었습니다. 한두 명이 아니라 아이들이 그런 말투에 익숙해진 것 같아요. "'와봐'라는 말에 '요' 자만 붙였을 뿐이니 어른을 부르는 정중한 표현을 사용하라"고 타일렀습니다. 시간이 지나 제가 공부방을 그만두고 저 대신 다른 선생님이 그 아이를 가르치게 되었어요. 그런데 볼일이 있어서 공부방에 갔다가 만난 그 아이는 마침 궁금한 게 있었는지 제게 "선생님 와봐요"라고 말했습니다. 말버릇이 고쳐지지 않은 거죠. 저는 잔소리를 하게 될까 봐 아예 반응하지 않았습니다. 아이는 "그냥 제 스스로 해결할 테니 오지 마세요"라고 말하고 말더라고요. 이제 와서까지 예의를 챙기느냐, 하는 원망의 눈빛이었습니다. 짧고 사소한 순간에 벌어진 일이지만 마음이 무거웠습니다. 이 역시 '거절'이 만들어낸 결과였죠. 이 일을 며칠 동안 생각했습니다. 좀 더 성숙한 대응이 있지 않았을까? 사회생활과 예의를 잘 모르는 아이에게 너무 엄격하게 대한 것 아닌가?

아이의 뜻을 꺾는 일은 어떤 어른에게든 불편합니다. 어떤 부모는 그게 두려워 끌려다니기도 합니다. 하지만 제가 가장 두려워하는 건 이른바 '신념적 거절'입니다. 저는 신념적인 부모가 두렵습니다. 대화가 통하지 않기 때문입니다. 자신이 옳다고 믿는 방향을 정해놓고 아이를 윽박지르는 부모에게 아이들은 이른바 '신념적 반항'을 합니다. 정말 야구를 사랑해서 야구부에 들어가고 싶었던 한 아이가 있었습니다. 아이의 엄마는 사회생활을 하려면 명문고 졸업장이 있어야 한다는 입장이었습니다. 아이는 야구를 포기했고 엄마는 뜻을 이뤘습니다. 그 다음은 어떻게 되었을까요? 엄마의 신

4부_아이 행동 변화시키기

넘적 거절에 아이는 신념적 반항으로 대응했습니다. "엄마 말 들었으니 이제 내 맘대로 해도 되지?" 하는 아이의 선언에 엄마는 말문이 막혔습니다. 공부와 담 쌓고 컴퓨터 게임과 만화책에 파묻혀 산다는 아이의 소식을 듣고 쓸쓸했습니다. 누구도 원하지 않았고, 누구도 행복해질 수 없었던 결론. 이것이 최선이었을까요? 제가 부모였다면 아이의 뜻을 존중하고 깔끔하게 접을 수 있었을까, 고민했습니다. 현실적인 문제를 무시할 수 없으니까요. 이 이야기에서 슬픈 것은 결국 가족이 '양자택일'로 내몰렸다는 사실입니다. 좀 더 성숙한 대화와 사려를 가지고 모두 웃을 수 있는 제3의 길을 선택하는 것이 불가능했을까요? 여러분이라면 어떻게 하겠습니까? 이제부터는 '성숙한' 생각으로 시선을 옮길 시간입니다.

신(神)처럼
포근한 부모의 모습

『팡세』는 기독교를 옹호할 목적으로 집필된 책입니다. 프랑스에서 종교 논쟁이 격화되던 시기에 천재 수학자 파스칼(Blaise Pascal, 1623~1662)은 이 책으로 그리스도교와 휴머니즘과의 조화를 도모하는 근대주의적 경향의 예수회에 치명타를 안겼습니다. 저는 특정 종교를 가지고 있지 않은 이른바 '인문주의자'여서 읽기가 무척 힘들었어요. 『팡세』에는 인문주의자와 회의주의자들에게 던지는 중대한 질문이 담겨 있거든요.

인간의 맹목과 비참을 바라보면서, 그리고 전 우주가 침묵하고 있고, 인간은 누가 자기를 거기에 놓아두었는지, 무엇을 하기 위해서 거기에 오게 되었는지, 죽은 후에는 어떻게 될 것인지, 이 모든 것들을 알지 못한 채 우주의 한 구석에서 방황하고 있는 것처럼 아무런 지혜도 없이 자기 자신에게 내맡겨져 있는 것을 보면서, 나는 마치 잠을 자다가 인적이 없는 무시무시한 섬에 실려 와서 그곳으로부터 빠져나올 수 있는 방법을 알지 못한 채 잠에서 깨어난 사람처럼 공포에 사로잡힌다. 게다가 나는 사람들이 어떻게 해서 이렇게도 비참한 상태를 보고서도 전혀 절망에 빠지지 않는 것인지 놀라움을 느낀다.

- 『팡세』

책을 읽다 말고 길게 한숨을 내쉬었던 대목입니다. 인간은 비참하며, 스스로 비참함을 알고 있기에 위대하다는 말, 비참함과 위대함 사이에서 균형을 맞춰야 한다는 말, 비참함을 비난하거나 이를 피하기 위해 시간을 죽이는 오락거리나 일삼는 사람들에 대한 비판은 주목할 만한 메시지입니다. 근대인은 인간의 이성에 자신감을 가지지만, 파스칼의 눈으로 볼 때 그것은 도박일 뿐입니다. 비참함과 비열한 감정, 공포는 자연적인 감정이며 이성을 쉽사리 제압해버리기 때문입니다. 파스칼은 이성의 능력에 대해서 스피노자와 정반대의 평가를 내렸죠. 근대인은 세계를 자신의 유한한 사고로 재단하려고 합니다. 한쪽은 세계가 홀수라고 주장하고, 다른 한

쪽은 짝수라고 주장합니다. 저는 '숨은그림찾기'를 하듯 파스칼이 비판하는 '근대인'에게서 부모의 얼굴을 찾아냈습니다. 이성이라는 무기를 아무런 거리낌 없이 아이에게 휘두르는 부모의 얼굴을.

『팡세』를 '아이'의 입장에 맞춰서 읽다 보면 흥미롭습니다. 아이들은 혼자서는 험난한 세상을 살아갈 수 없습니다. 어떤 행동이든 받아주고 이끌어주는 부모가 있기에 맘껏 자신을 펼칠 수 있습니다. 가슴속에 신이 없어서 갈팡질팡하며 비참에 빠진 인간과 부모가 없어서 비참함에 빠진 아이가 묘하게 교차됩니다. 여기서 부모가 없다는 것은 부모의 실질적인 사랑을 받지 못한다는 의미입니다. 아이에게 아무런 도움이 되지 않는 부모, 사사건건 아이가 하려는 일을 못하게 하는 부모, 바쁘다는 핑계로 아이를 방치하는 부모를 둔 아이가 신 없는 인간과 다를 게 무엇이겠어요.

파스칼의 신과 아이의 부모가 가질 수 있는 공통점은 권능이 아니라 '기댈 대상'입니다. 『팡세』를 제사祭祀에 비유하면 신神에 대한 생각이 잘 이해됩니다. 제사에 참여하지 않고, 벌초를 가지 않으면 왠지 마음이 불안하고 죄를 지은 것 같은 생각이 들잖아요. 벌초를 가서 조상님 무덤을 말끔히 정돈하고 나면 미용실이나 이발소에 다녀온 것처럼 속이 시원하죠. 아이에게 혼자가 아니라는 느낌, 함께한다는 느낌을 주는 게 중요합니다.

아이의 뜻을 거스르지 않고
부모의 뜻을 전달하는 방법

제가 아이를 키우며 파스칼에게 가장 크게 배운 것은 아이와 제가 생각이 다를 때 어떻게 조정해야 하는가입니다. 아이의 뜻을 꺾거나 부정하지 않고도 충분히 대화를 이어갈 수 있게 되었죠.

> 남을 효과적으로 훈계하고 그의 잘못을 지적해 주려 한다면, 그가 사물을 어떤 측면에서 보고 있는가를 관찰해야 한다. 왜냐하면 그 사물은 보통 그 측면에서는 올바르기 때문이다. 그리하여 이 올바른 점을 인정하면서 그의 잘못된 다른 측면을 지적해 주어야 한다. 인간은 이것으로 만족을 느낀다. 왜냐하면 인간은 자기가 잘못한 것이 아니라, 다만 모든 측면에서 보는 것을 게을리 했음을 알게 되기 때문이다.
>
> - 『팡세』

사람은 누구나 완벽하지 않습니다. 하지만 자신이 부족한 것을 채우면서 완전해지려는 욕구를 가지고 있습니다. 아이의 생각이 아무리 터무니없어도 아이의 입장에서는 타당한 측면이 분명히 있습니다. 그것을 찾아 인정해주고 존중해주는 것이 아이와의 갈등을 줄이는 가장 확실한 방법입니다. 『팡세』의 이 구절을 읽고 오랫동안 아이와의 관계에 응용하면서 많은 갈등을 줄일 수 있었습니다.

　앞의 문제로 되돌아가봅시다. 야구를 하고 싶은 아이의 뜻도 이해되고, 아이의 뜻을 접은 부모의 뜻도 이해가 됩니다. 하지만 부모 뜻대로 몰아붙였기에 아이 마음에 상처가 났죠. 아이와의 소통에서는 첫째도 존중, 둘째도 존중입니다. 말로만 존중하는 게 아니라 실천으로 보여주어야 합니다. 아이가 야구를 하고 싶어 하는 마음을 부모님은 진심으로 존중했을 것입니다. 하지만 구체적으로 표현되지 않았기 때문에 아이는 자신이 존중 받지 못했다고 여길지도 모릅니다. 만약 부모가 '선택에 따른 결과'를 미리 예상해서 아이가 검토할 수 있도록 했다면 어땠을까요?

　아이의 삶은 아이의 삶이고 부모의 삶은 부모의 삶입니다. "부모가 자식 인생 대신 살아줄 거냐?"라는 말을 곧잘 하지만 실제로 부모가 자식 인생을 대신 살아버리는 일은 얼마든지 있습니다. 야구를 좋아하는 아이는 가고 싶은 학교가 명확히 있었고 뜻이 확고했습니다. 매우 건강하고 칭찬받아 마땅할 아이인데 삶이 왜곡돼버렸습니다. 슬프지 않으신가요? 아이가 선택하게 하고 부모가 선택에 따라 예상할 수 있는 결과를 들려주었다면, 본인이 선택했기 때문에 부모를 원망할 일도 없었을 것입니다. 만약 결과가 좋지 않더라도 "그때 왜 억지로라도 그러지 않으셨어요?"라고 비난하기 어려울 것입니다.

　아이가 무리한 요구를 하는 순간에도 부모는 아이의 옳은 의도와 의도치 않은 결과를 떠올려야 합니다. 그게 대화의 열쇠니까요.

어떤 일이 벌어질지 '안 봐도 비디오'라는 식으로 여기지 말고 아이와 차근차근 검토하는 습관을 길러야 합니다. 부모의 마음속에 판단의 과정이 숨어 있다면 아이는 오해하기 쉽습니다. 많은 부모들이 이 점을 매우 힘들어합니다. 이것이야말로 가정에서 배워야 하는 민주주의지만 부모 역시 어디서도 배운 적이 없기에 매우 낯설고 힘들죠. 부모는 차분히 상황을 살펴보고 여러 가지 예상되는 결과를 마음속으로 정리해두어야 합니다. 구체적인 사례가 있으면 더 좋습니다. 아이가 경험한 것만이 진정한 근거이며 아이도 쉽게 반항할 수 없죠. 아이의 의견을 거절하는 것은 무척 논리적이어야 하는 작업이며, 공을 많이 들여야 하는 일입니다.

♥♥♥

Q : 아이가 부모의 행동을 비난하면 어떻게 대응해야 하나요?

A : "콩을 심었는데 왜 팥이 나지 않느냐?"라고 따지는 농부는 없습니다. 심은 만큼 거두는 것이니까요.

"남들이 우리에게서 우리들이 마땅히 받을 만한 것보다 더 많은 존경을 받고 싶어 하는 것도 또한 옳은 일이 아니다"라는 파스칼의 말처럼 아이의 비난 속에서 고쳐야 할 점을 고치면 비난은 고스란히 존경과 사랑으로 바뀝니다.

7

아이의 지나친 행동을
어떻게 다스려야 할까요?

"길흉회린(吉凶悔吝)은 움직임에서 나온다."
_『주역계사 강의』(남회근, 부키)

유년 시절의 일 중 지금도 생생히 기억나는 건 대개 엉뚱하고 우스꽝스럽습니다. 지금도 생각하면 웃긴 건 '화장실 폭발 사건'입니다. 어릴 적에는 시골 화장실이 수세식이 아니었습니다. 화장실 안의 구덩이에 대소변이 가득 차면 똥차가 와서 긴 호스로 빨아들이는 일명 '푸세식'이었죠. 그 안이 저에게는 판타지였습니다. 지금 와서 생각해보면 왜 그랬는지 모르겠지만, 그때는 화장실 안이 무척 궁금했습니다. 구더기는 무서웠지만 보고 싶었어요. 고민 끝에 화장지를 길게 풀고 끝에 불을 붙인 다음 아래로 떨어뜨렸어요. 불빛이 환해지는가 싶더니 "펑" 하는 소리가 들렸습니다. 메탄가스가 일으킨 폭발음이었습니다. 변의 양이 적었기에 망정이지 오래 묵히고 많이 쌓였더라면 폭발이 더 클 뻔했습니다. 엄마 염주를 화장실에서 갖고 놀다 아래로 떨어뜨려 온갖 궁리를 하면서 꺼내려고 시도했던 일도 생각납니다. 결국 염주는 영원히 건지지 못했지만 나뭇가지, 철사, 특별 제작한 막대기 등을 이용해 애태우면서 꺼내려 했던 기억만큼은 가슴이 저릿할 정도로 생생합니다. 엄마 가위를 들고 화장실에서 거울도 안 보고 스스로 이발하다가 원숭이 머리가 되기도 했습니다. 그 일로 한동안 제 별명이 '원숭이'가 되었죠. 저의 호기심과 활동적인 에너지는 어른이 되어서도 멈추지 않아 주위 사람 여럿을 힘들게 했습니다.

유년 시절에는 누구나 많이 움직입니다. 넘치는 기를 다 쓰고 고요히 잠드는 게 건강한 어린이의 하루죠. 어른이 되고 나서야 차분해지고 움직임이 세련되게 다듬어집니다. 저는 아래 구절을 떠올리면서 아이들이 까불거리는 것 자체는 '옳은 방향'이라는 사실을 확신할 수 있었습니다.

길흉회린吉凶悔吝은 움직임에서 나온다.

– 『주역 계사전』

『주역周易』은 『역경易經』의 별칭입니다. '만물은 움직이며 멈추지 않는다'는 헤라클레이토스의 만물 유전 법칙을 동양적으로 표현한 책이라고 할 수 있죠.『주역 계사전』은『주역』을 풀이해놓은 여러 가지 '전傳' 중에서 인간과 사회에 관한 해석이 풍부합니다.

『주역』 자체는 우주의 현상을 표현한 64개의 기호인 '괘卦'를 설명했기 때문에 일반 독자가 보기에는 무척 난해합니다. 하지만『주역 계사전』은 공자가『주역』의 정신을 인문적 관점에서 해석한 것이기에 읽어볼 만합니다. 저는『주역 계사전』을 철학서이자 심리학서로 활용했습니다. '길흉吉凶'이란 인간의 마음이 이득과 손실에 반응하는 일종의 심리현상으로, 인간의 심리는 '길흉회린' 네 글자를 벗어날 수 없기 때문입니다. 중국의 존경 받는 학자 남회근 선생은『주역계사 강의』에서 "생각이 있으면 번뇌가 뒤따르고, 득실이 있으면 기쁨과 고통이 뒤따라 항상 번거로움을 벗어날 수 없다"고 말했습니다.

주역은 만물의 움직임을 평가하지 않습니다. 다만 만물의 움직임이 교차했을 때 나는 어떻게 움직여야 하는지 가르칩니다. "서리를 밟으면 굳은 얼음이 온다"는 말처럼 나의 움직임과 자연의 움직임을 교차하니 '굳은 얼음'을 예측할 수 있다는 논리입니다. 이 움직임은 좋고 이 움직임은 나쁘다는 말은『주역』에 없습니다. 좋은 괘와 나쁜 괘라는 평가보다 더 중요한 건 내가 어떻게 하면 되는지 알려준다는 점입니다. 어떤 현상이 일어났을 때 이렇게 대응하거나 저렇게 대응해 좋은 방향으로 흘러가도록 하거나, 최악의 방향은 피하라는 조언을 얻을 수 있죠. 그것이 바로 '무구无咎', 즉 흠결이 없다는 뜻입니다. 마치 먼지가 많은 방이 여러 개 있는 큰 집을 살뜰히 청소하듯 미래에 부닥칠 수 있는 위험 요소들을 제거해 무탈하게 지내는 게 『주역』과 『주역 계사전』을 읽는 목적이죠. 아이들의 어떤 행동을 하나의 '괘'라는 기호처럼 이해한다면 아이를 통해서 우주 만물의 움직임을 이해할 수 있을 것입니다. 아이가 곧 자연이니까요.

많이 움직이고 많이 다치는 아이들

『주역 계사전』을 읽으면서 가장 좋았던 점은 아이의 지나친 행동에 대해서도 자연스럽게 받아들일 수 있게 되었다는 점입니다. 아이들은 끊임없이 움직이고 장난합니다. 함께 공부할 때도 예외는 아닙니다. 아이들이 기氣를 발휘할 때 어른들은 대개 억누르려 합니다. 만약 『주역』의 가르침처럼 아이들의 움직임을 긍정적으로 바라보고 세련되게 다듬으려고 한다면 아이와 관계 맺는 데 도움이 될 것입니다.

제가 가르친 아이 중에 무례하고 제멋대로 행동하는 녀석이 있었습니다. 기본적으로 지켜야 할 행동에 대한 인식이 거의 없었어요. 가정에서 어느 정도 다듬어진 아이들에 비하면 '늑대소년'에 가까웠죠. 아이들과 눈만 마주치면 "뭘 봐!"라고 공격적으로 말하고, 친구들이 실수하면 손가락을 치켜세워 과장되게 웃으며 상처를 주고, 자기보다 나이 많은 형이나 누나도 가리지 않고 놀리고, 어린

학년을 괴롭히다가 학생 부모님이 화가 머리끝까지 나는 일이 매일 반복되었습니다. 어떻게 다듬어야 할지 막막했습니다. 그 아이와 어떻게 관계를 맺어야 하는지 오랫동안 고민했습니다. 처음에는 억누르려고만 했습니다. 아이들은 움직여야 한다는 사실을 부정해서는 안 된다는 것, 아이들이 가정에서 몸가짐을 배우지 못했다면 그렇게 행동할 수밖에 없다는 것을 이해하고 났더니 어떻게 대응해야 할지 감이 왔습니다. 저는 그 아이의 선생님이 아니라 아빠나 삼촌이 되어야 했습니다. 혼내는 건 같지만 같은 편이라는 걸 믿게 만드는 거죠.

공자는 『주역 계사전』에서 소인小人의 '불쌍한 팔자'에 대해 동정하는 말을 남깁니다. 소인은 '어린이'와 같은 의미로 이해할 수도 있습니다.

> 공자가 말했다. "소인은 난처한 꼴을 당하지 않으면 어질지 못하고, 두렵지 않으면 의롭지 못하며, 이익이 없으면 아무리 권해도 하지 않으며, 위협하지 않으면 두려워하지 않는다. 가볍게 처벌받아 크게 조심하는 것은 소인의 복이다."
>
> ─『주역 계사전』

대부분을 직접 경험에만 의존하는 사람이 있다면 어떻겠습니까? 뜨거운 걸 만져봐야 조심해야 한다는 걸 알고, 상처를 받아봐야 마음을 함부로 열면 안 된다는 것을 아는 존재. 바로 어린이입니다.

전체 궤도를 그리면서
나아가는 아이들

수업 시간에 쉼 없이 뛰어다니고 장난치던 아이가 생각납니다. 처음에는 아이의 행동에 당황했지만, 『주역 계사전』의 지혜를 이해하고 난 후 어떻게 해야 할지 알았습니다. 저는 그 아이를 수업의 훌륭한 '조교'로 만드는 데 성공했어요. 쉼 없이 돌아다니는 아이의 움직임을 칭찬해주면서 아이가 받아들일 수 있는 행동을 예측하고 제안했습니다. 아이를 장악하려고 하지 않고 포인트만 짚어줬어요. 신기하게도 아이는 포인트만은 어기지 않았어요. "책을 높이 쌓아봐" 하면 높이 쌓고, "친구들과 함께 쌓아봐" 하면 친구들과 어울렸습니다. 옆에서 바라본 아이의 어머니가 놀랄 정도로 아이는 수업에 잘 참여했습니다. 그 아이가 수업에 참여하는 방식이 다른 아이와 조금 달랐을 뿐이라는 사실을 이해하자 아무런 문제도 생기지 않았습니다. 그 자리에서 저와 그 아이의 어머니는 똑똑히 알았죠. 그 기억은 버거운 행동을 하는 아이들을 다스리는 데 큰 도움이 되었습니다.

'역易'은 변화한다는 뜻입니다. 무엇에 따라 변화한다는 말일까요? 바로 시간과 공간, 상황에 따라 변화합니다. 『주역 계사전』은 역동적인 변화를 기록한 글이기에 역동적인 아이들을 살펴보기 적합한 고전입니다. 어린이가 쉼 없이 움직인다는 것만으로는 어린이를 제대로 표현할 수 없죠. 청소년이 반항한다는 표현만으로도 청소년을 제대로 표현할 수 없습니다. "그것은 옳고 자연스럽다"고 해야 온전한 표현이 될 수 있습니다. "천하의 모든 조화를 포괄하되 어긋남이 없고, 만물을 원만하고 완전히 생성시키되 하나도 빠뜨리지 않으며, 주야의 도에 통달한다"(『주역 계사전』)는 말은 동양이 바라본 우주 원리입니다.

아이의 이상한 행동을 완력으로 억제하려는 욕구를 참는 건 매우 힘들지만, 강한 태풍이 오면 방비를 튼튼하게 하듯 아이와 함께하는 시간을 위해 준비하고 집중하면 반드시 온순해지는 순간이 오더라고요. '역'이 고정된 본체가 없듯, 아이들의 행동도 고정된 본체가 없습니다. 어른들이 고정된 몸과 마음을 열고 움직여야만 아이들과 보조를 맞출 수 있죠. 아이를 어른에 맞게 고정시키는 것은 '역'의 원리를 거스르는 일입니다. 아무리 나쁜 행동을 하는 아이도 전체 궤도를 그리면서 나아간다는 사실을 잊어서는 안 됩니다.

♥♥♥ ──────────

Q : 아이가 함부로 행동하는 습관을 고치고 싶어요.

A : 왕자와 공주처럼 아낌을 받은 사람은 노예처럼 행동하지 않습니다. 함부로 행동하는 사람은 언젠가 어딘가에서 함부로 취급당한 기억을 있을 것입니다. "귀중한 물건을 잘 간수하지 못하는 것은 도둑을 가르치는 것이요, 야하게 해 다니는 것은 치한을 가르치는 것"(『주역 계사전』)이라는 말이 생각나지 않도록 스스로 자부심을 느낄 수 있게 해주세요.

인문 고전으로 하는
아빠의 아이 공부

5

우리 아이
사회에
내보내기

1

남에게 함부로 상처 주는
아이를 어떻게 할까요?

"누군가를 정말로 이해하려고 한다면
그 사람의 입장에서 생각을 해야 하는 거야."
_ 『앵무새 죽이기』(하퍼 리, 열린책들)

아이에게 '인권'을
어떻게 알려줘야 할까

아이들에게 '인권' 같은 인간의 보편 가치에 대해서 가르치려고 하면 '사치스럽지 않은가' 하는 노파심이 듭니다. 하지만 아이들도 매일 매일 보편 가치의 보호를 받고 있기 때문에 부모로서, 때로는 선생님으로서 반드시 가르쳐야 합니다. 친구를 부를 때 "야, 돼지야!" 하고 부르는 아이가 있었습니다. 아이를 가리킬 때도 손가락질하는 것처럼 하고 입에서 말을 뗄 때도 가시 돋친 채로 퍼부어서 옆에 있는 제가 다 상처를 받을 정도였습니다. 화가 치밀어 오르다가도 '못 배워서 그런 건데 뭐' 하며 분을 삭입니다. 아이들의 인권 교육 수준은 너무 처참합니다. 머지 않아 아이들이 세계의 친구들과 경쟁할 때는 인권 수준 하나만 가지고 도태될지도 몰라요.

인종차별이나 인권 같은 개념은 따로 강조하고 교육하지 않으면 새순이 돋지 않는 귀한 식물과 같습니다. 주변을 둘러보면 우리 사회에는 크고 작은 폭력이 만연해 있습니다. 박지리 작가의 소설 『맨홀』에는 파키스탄 노동자들이 나오는데, 극중 소년들은 그들을 '파키'라고 부릅니다. 파키스탄인을 낮추어 부르는 말이죠. 비올리스트 리처드 용재 오닐이 다문화 어린이들과 오케스트라 프로젝트를 하는 과정이 실린 『안녕?! 오케스트라』에는 모자를 푹 눌러 쓴 아이가 나오는데, 상처를 너무 많이 받아서 세상의 문을 열지 못하는 겁니다. 책의 구절 중에서 "다문화 주제에 까불어!" 하는 말은 무척 충격이었습니다. 아무리 좋은 뜻의 낱말을 만들어도 문맥이나 대화에서 왜곡되면 어찌해볼 수 없습니다. 우리 주변에 이미 다문화 가정이 많이 있는데, 지구촌 사람들을 한 가족으로 삼겠다는 좋은 취지를 가진 말이 현장에서는 비하의 용도로 왜곡되는 모습이 참으로 안타까웠습니다.

아이들과 몇 가지 중요한 원칙을 함께 만들고 폭력을 최소화할 수 있는 게 제가 할 수 있는 최선이었습니다. '말로 때리기 없기'는 '언어 폭력'이라는 말이 너무 어려워서 쓰기 시작한 말인데 제 아들들과 제가 가르치는 아이들 사이에서 조금씩 확립되었습니다. 처음에는 말로 때릴 수 있다는 사실을 아이들이 실감하지 못했습니다. 이때 『미디어의 이해』에서 마셜 매클루언이 인용한 카드모스

왕의 신화가 도움이 되었습니다. 카드모스 왕은 용의 이빨을 땅에 촘촘히 박아 무장한 병사들을 솟아나게 했죠. 이것은 바로 알파벳의 권위와 공격성을 상징합니다. 이로 상대방을 물어뜯을 수 있는 것처럼, 이로 소리를 내는 말 역시 상대방을 때릴 수 있다는 설명은 아이들에게 꽤 설득력을 얻으며 규칙을 정하는 데 도움이 되었죠. 몸으로 때리는 것보다 말로 때리는 게 상처가 깊다는 것을 아이들이 이해하더라고요. 특히 아이들은 말로 때리기도 하고 맞기도 많이 맞아 보았기 때문에 말로 때리는 게 더 아프고 오래 간다는 주장에 공감했습니다.

저는 여기서 더 나아가 친구나 선후배와 같은 공간에서 지내면서 반드시 지켜야 할 '네 가지 예의'를 강조했습니다. 우리 전통에서도 '예禮'라는 좋은 개념이 있잖아요. 손윗사람에 대한 예의, 또래에 대한 예의, 손아랫사람에 대한 예의, 마지막으로 물건에 대한 예의입니다. 물건에 대한 예의를 지키지 않으면 평생 가난하게 살아간다고 하면서 겁을 줬죠. 아이들은 특히 자기보다 나이가 어린 사람에게 예의를 지켜야 한다는 사실을 잘 모르더라고요.

저는 '인권 감수성'이라는 말을 참 좋아합니다. '인권'이라는 말보다 훨씬 친근한 느낌을 주거든요. 현장에서 다른 사람을 겪으며 행동으로 표현되어야 하기 때문에 '인권'이라는 추상적인 말보다는 감수성 어린 '인권 감수성'이 좋습니다. 문제는 인권 감수성을 어떤 방식으로 아이에게 전달할까 하는 것입니다. 저는 하퍼 리의 『앵무새 죽이기』를 읽으면서 좋은 방법을 찾았습니다.

최고의 교육은
부모의 실천

『앵무새 죽이기』는 1960년에 출간되자마자 100주에 걸쳐서 베스트셀러 자리를 지켰죠. 1991년 〈북 오브 더 먼스 클럽〉과 미국 국회도서관이 조사한 결과 『성경』 다음으로 독자들의 마음을 바꿔 놓는 데 이바지한 책으로도 꼽혔습니다. 특히 편견과 독선에 물든 현대의 많은 독자들에게 양심을 일깨워준 책으로 평가받고 있습니다. 제목에 쓰인 '앵무새'는 집안의 새장에서 키우는 반려조인 앵무새(parrot)가 아니라 미국 남부 지방에서 주로 서식하는 지빠귀류의 새로 '흉내쟁이지빠귀(mockingbird)'를 말합니다. 이 새는 다른 새의 울음소리를 곧잘 흉내 낸다고 합니다.

작품 속에서 아버지인 변호사 '애티커스'는 아이들에게 크리스마스 선물로 엽총을 사주면서 어치새 같은 다른 새를 죽이는 것은 몰라도 앵무새를 죽이는 것은 죄가 된다고 말했습니다. 주인공 소녀 스카웃을 공포에 떨게 한 기이한 이웃 부 래들리나 억울하게 재판에 끌려온 흑인 톰 로빈슨을 지칭하는 은유적인 표현으로 '앵무새'라고 한 것입니다. 앵무새가 인간에게 아무런 해를 끼치지 않는 새인 것처럼, 이들 역시 다른 사람들에게 해를 끼치지 않죠. 오랫동안 노예제를 유지하던 1930년대 미국에서 인종차별을 반대하는 건 대단한 용기가 필요했습니다. 『앵무새 죽이기』는 바로 이 시점을 배경으로 하고 있죠. 작품 중 애티커스 핀치 변호사를 비롯하

Q : 아이들이 학교나 사회에서 부당한 대우나 인격 모독을 받았을 때 어떻게 위로해줄 수 있을까요?

A : 겨울바람이 따뜻해지기를 바랄 수는 없습니다. 계절을 참아야 따뜻한 봄바람을 만날 수 있죠. 거기에 봄이 오는 원리를 이해하고 기다리다 지치는 일은 없어야겠죠.

『앵무새 죽이기』에서 오빠는 실의에 빠진 동생에게 "그들은 그렇게 했어. 전에도 그랬고, 오늘 밤도 그랬고, 앞으로도 또다시 그럴 거야"라고 위로를 해줬죠. 저 역시 불합리하고 부당한 대우를 이해하려고 노력했고 저의 과제로 삼았습니다. 고통의 선배로서 손을 건네는 것만으로 아이에게는 많은 위로와 힘이 될 것입니다.

2

돈 안 드는 놀이
어디 없나요?

"즐거움은 활동을 완성시킨다."
_『니코마코스 윤리학』(아리스토텔레스, 길)

소비가 놀이가 된
아이들

캠핑, 키즈카페, 놀이공원, 놀이방……. 우리나라는 아이와 가족을 위한 놀이 문화가 꽤 발달했습니다. 하지만 공통점은 돈을 내야 한다는 겁니다. '놀이'에 관한 중요성이 부각되면서 '놀이 산업'도 덩달아 커지고 있습니다. 돈 또는 물질에 대한 의존도가 커지는 문제는 인류의 오랜 고민거리죠. 부모님께 좋은 음식과 좋은 옷을 해드리는 게 옛날 사람의 자부심이었다면, 오늘날에는 아이들에게 비싼 장난감이나 고급스러운 놀이 문화를 선사하는 것으로 바뀌었습니다. 『논어』에서는 이를 '능양能養'이라고 표현했습니다.

> 놀이는 휴식을 위해 있고, 휴식은 노력으로 인한 고통의 치료제
> 인 만큼 반드시 즐거워야 한다.
>
> – 아리스토텔레스, 『정치학』

아리스토텔레스와 공자의 공통점은 '즐거움'을 추구했다는 겁니다. 아리스토텔레스는 인생의 목표는 행복이라고 말했습니다. 복잡하거나 군더더기가 없이 단순 명쾌한 철학입니다. 아리스토텔레스는 자신의 스승이었던 플라톤이나 플라톤의 스승이었던 소크라테스보다 덜 관념적이었으며 세상을 두 눈으로 직접 관찰하기를 좋아했습니다. 아빠들이 『니코마코스 윤리학』을 읽는다면 가정의 행복과 자신의 행복을 위해 어떻게 해야 하는지 체계가 잡힐 겁니다. 철학의 다양한 분야 중에서도 으뜸으로 치는 것은 정치철학과 윤리학입니다. 최고의 철학은 '앎'이 아니라 '행동'이 목적이기 때문입니다. 아리스토텔레스의 책을 읽고 사소한 몸가짐 하나가 달라지거나 아이를 대하는 조그만 태도 하나가 달라진다면 아이는 즉시 혜택을 볼 것이며 그 효과는 평생 지속될 것입니다.

한때는 주말마다 아이들을 데리고 캠핑장, 놀이공원, 박물관 등을 돌아다녔습니다. 아침 일찍 나가면 해질녘이 되거나 아예 저녁이 되어 집으로 돌아왔죠. 그때는 몰랐습니다. 아이들이 왜 돌아오는 차에서 그토록 짜증을 냈는지. 본전 욕심도 났어요. 엄마 아빠가 너희들을 위해서 귀중한 시간을 희생했으면 감사해야지 도리어 짜증내고 싸우면 어쩌니, 하는 마음이었어요. "이렇게 싸우고 짜증낼

거면 다시는 놀러 안 나온다!" 하던 아이 엄마의 외침이 아직도 귓가에 울립니다. 제가 이 일을 특별히 기억하는 까닭은 아이들이 전혀 다르게 반응했던 경험을 하고 나서부터입니다. 신나게 놀고 난 아이들은 천사 같았어요. 심지어 둘째 아이는 이부자리 정리를 적극적으로 돕기도 했는데 그 이유가 궁금하시죠?

비밀은 '누가 주도하느냐'에 있었습니다. 부모가 휴가를 내고 차로 멀리 떠나서 맛난 것을 먹고 좋은 것을 보거나, 박물관이나 관광지처럼 유익한 곳을 봤다고 합시다. 그건 '부모의 좋음'입니다. 아이들은 노는 시간 동안 주로 끌려다니면서 보이지 않는 욕구 불만이 잔뜩 쌓입니다. 게다가 부모가 주도한 놀이는 '소비'가 잔뜩 묻어 있습니다. 부모의 자기만족이 곧 아이들의 행복은 아니지만 때때로 이 둘은 부모에게 동의어로 오해받곤 합니다. 아리스토텔레스는 "행복은 완전하고 자족적인 어떤 것으로서, 행위를 통해 성취할 수 있는 것들의 목적"(『정치학』)이라고 말했죠. 아이들이 주도하는 게 많아질수록, 아이들의 자발적인 행위들이 잔뜩 묻어날수록 아이의 행복에 가까워집니다. 이제 '부모의 좋음'을 너머 '아이의 좋음'으로 가봅시다.

아이들은 주인공, 아빠는 보조자

저는 『니코마코스 윤리학』의 힌트를 바탕으로 오랜 시행착오와 고민 끝에 '아이들의 좋음' 비슷한 것을 발견했습니다. 기본적인 구도는 '아이들은 주인공, 아빠는 보조자'입니다. 이 구도만 지키면 충분히 재밌을 수 있습니다. 놀이가 잘 되었는지 판단하는 기준은 아이들의 반응입니다. 놀이가 잘 되지 않았다면 아이들은 더 어린 반응을 보입니다. 울음이나 짜증, 싸움을 동반하죠. 하지만 놀이가 잘 되었다면 성숙한 반응을 보입니다. 착한 말을 한다든지, 일찍 잔다든지, 집안일을 돕습니다. 짜증은 온데간데없습니다. 욕구불만이 없으니까요.

놀러 가기 며칠 전부터 부모가 계획을 잔뜩 세우기보다는 좀 느슨하게 일정을 짜면서 아이들이 파고들 틈을 많이 만들어놓는 게 가장 중요합니다. 아이들과 함께하는 시간에는 언제 어디서든 예기치 않은 일이 있기 마련이니까요. 우연히 아이들과 도서관에 놀러 갔을 때 산책로가 예뻐서 그냥 걸었습니다. 아이들은 흙을 파면서 놀았어요. 『마법천자문』에 빠져 있었거든요. 아이들은 흙을 파내면서 돌 조각을 모았고, 갖가지 돌 조각의 이름을 자랑하듯 말했습니다.

모래사장 썰매 타기와 암벽 등반도 기억나는 놀이입니다. 이것도 제가 계획한 놀이는 아닙니다. 아이들을 데리고 고향 바닷가에 갔을 때 아이들이 하고 싶다고 해서 하라고 했을 뿐이에요. 길게 펼쳐진 모래사장을 본 아이들은 눈썰매를 탔던 경험이 떠올랐나 봐요. 눈썰매장처럼 미끄러지지도 않으니 엉덩이로 질질 끌고 힘겹게 바닷물까지 닿을 수 있었습니다. 아이들 바지 엉덩이 쪽에

특히 몸가짐이 잘 갖춰질수록 사회생활에 유리합니다. 그래서 집에서만큼은 몸가짐을 더 강조합니다. 제가 가르치는 아이들을 보니 이래선 안 되겠다는 생각이 들더라고요. '좋은 습관'이야말로 아이의 재산이니까요. 지금도 옷을 빨래 통에 넣는 습관은 잘 안 지켜지지만 조금씩 나아지고 있습니다. 몸가짐 훈련은 하루 이틀에 되는 것이 아니기에 아이들에게서 좋은 몸가짐이 배어나올 수 있게 적절한 자극을 주어야 합니다. 가끔 학교 선생님이나 다른 어른들에게 우리 아이들의 몸가짐에 대한 칭찬을 들을 때는 어려운 과목에서 좋은 점수를 받은 것처럼 기쁩니다. 몸가짐을 챙기면서부터 뜻밖의 선순환도 찾아왔습니다. 저의 몸가짐도 신경 쓰지 않을 수 없게 되었고, 아이들도 제 몸가짐을 챙기면서 서로를 챙겨주는 훈훈한 분위기가 생기더라고요. 공부방 아이들도 제가 신발을 제자리에 놓지 않았을 때는 지적해주더라고요.

『논어』에 나오는 '눌변민행訥辯敏行', 즉 "말은 어눌하게 하고 행동은 민첩하게 한다"는 말의 깊은 뜻을 아이들과 생활하면서 절감하고 있습니다. 몸에 좋은 습관이 배어 있지 않을수록 '말'로 해결하려고 하는 아이들이 많거든요. 가정교육이 잘 되어 몸가짐이 바른 아이를 가르쳐본 적이 있습니다. 잔소리를 할 일이 없었고 학교 공부도 잘하지만, 그렇다고 할 말을 하지 않는 것은 아니었습니다. 그 아이의 몸에 밴 좋은 습관을 보면서 품격이 느껴졌어요.

제가 몸가짐에 대해 더 신경 쓰기 시작한 것은 『춘추좌전』을 읽고부터입니다. 이 책을 읽기 전에는 동양의 덕목인 '인의예지신仁

義禮智信' 중 '예禮'에 대해서 잘 몰랐어요. 공자도『논어』에서 '예'를 많이 강조했지만 와닿지 않았거든요. 하지만 '예'야말로 동양 정신의 핵심이었습니다. '몸'으로 표현되기 때문입니다.『춘추좌전』에 표현된 '예'의 세계는 무척 넓고 섬세했습니다. 잘 익혀두면 아이를 기르는 데 큰 도움이 될 수 있을 것 같아서 세 권짜리 책을 밑줄치며 부지런히 읽었습니다.

예의로 다스리는
나라와 가정

『춘추좌전』은 춘추시대 노나라를 둘러싼 나라들의 정치 이야기입니다. 춘추시대를 담은 책은『좌전』을 비롯해『논어』,『안자춘추』,『국어』등이 있고, 전국시대를 담은 책은『맹자』,『전국책』,『손자병법』,『한비자』등이 있습니다. 전국시대는 통일을 위한 극도의 효율성과 조직학 등이 발달했습니다. 급변하는 지금 시대에 잘 적응하기 위해서는 전국시대가 담긴 책들을 읽어야 할 것입니다. 하지만 저는 반대로 춘추시대의 책에 더 애정을 느낍니다. 전국시대에는 잘 보이지 않는 '인간학'을 다루기 때문입니다. 노희공 21년(BC 639) 여름에 노나라에 큰 가뭄이 들었을 때 왕이 기우제를 전담하는 여자 무당을 화형시키려고 했습니다. 대부 장문중이 이에 반대하며 충간했습니다.

"이는 가뭄에 대한 대비책이 아닙니다. 수성곽(修城郭, 내성과 외성을 수리함)과 폄식(貶食, 음식을 줄임), 생용(省用, 비용을 줄임), 무색(務穡, 농사에 힘씀), 권분(勸分, 서로 나누어 먹도록 권함)에 힘써야 합니다. 무당이 무엇을 할 수 있겠습니까. 하늘이 그녀를 죽이고자 했다면 애초에 태어나게 하지도 않았을 것입니다. 만일 그녀가 한재旱災를 내렸다면 그녀를 불에 태워 죽이는 것은 재해를 더욱 키우는 것에 불과할 뿐입니다."

— 『좌전』, 「노희공」

당시에는 순장殉葬 제도가 남아 있어서 유력한 제후가 죽으면 처첩妻妾이나 신하들을 함께 파묻는 관례가 있었습니다. 물론 춘추시대가 고루한 봉건적 질서인 것은 맞습니다. 신분계급의 이동 또한 좀처럼 허락되지 않았던 폐쇄적인 사회였죠. 하지만 그 시대도 '사람'이 살고 있었던 '사람의 시대'였죠. 『좌전』이 위대한 까닭은 '엄중한 시대 변화를 두려워하고 고민하는 사람'에 대한 기록이기 때문입니다. "경계하여 두려워할 줄 안다면 결코 망하지는 않을 것이다"라는 말이 이 정신을 압축적으로 표현하죠. 나라를 다스릴 때 우리는 '이익'을 먼저 생각하지만 춘추시대의 나라들은 그것이 대의명분에 맞는지, 예에 맞는지를 먼저 고민합니다. 춘추오패의 첫머리인 제환공이 이웃 노나라를 정벌하는 문제로 토론하는 장면에 이 생각이 잘 나타나 있죠.

제환공이 물었다. "노나라를 가히 취할 수 있겠소?" 대부 중손초가 대답했다. "불가합니다. 노나라는 아직도 주례(周禮, 주공이 만든 예법)를 굳게 지키고 있습니다. 주례는 치국의 근본입니다. 제가 듣건대 '나라가 장차 망하려면 그 줄기가 먼저 넘어지고 지엽이 그 뒤를 따른다'고 했습니다. 노나라가 주례를 버리지 않고 있으니 아직 취할 수 없습니다. 군주는 노나라의 혼란이 가라앉도록 힘써 노나라와 친하게 지내십시오. 예절이 있는 나라와 친하고, 기반이 튼튼하고 안정된 나라와 가까이하며, 두 마음을 품어 내부가 혼란한 나라를 이간하고, 도리에 어두운 혼란한 나라를 뒤엎는 것이 패왕지기입니다."

– 『춘추좌전』

위의 구절을 기록한 시점은 『논어』보다 앞선 시대입니다. 『논어』에서는 대부가 천자의 춤을 추고, 달마다 제후가 신하들에게 역서曆書를 전달하는 '곡삭告朔'의 예가 유명무실해졌으니까요. 요즘 예법에 신경 쓰는 사람은 거의 없습니다. 고리타분한 허례허식이라고 생각하죠. 제사와 결혼 제도가 간편해지고, 관광지에 가서 명절 차례를 드리고, 무덤에 제초제를 뿌리거나 아예 시멘트를 발라 벌초를 손쉽게 하는 모습에서 예의 후퇴를 엿볼 수 있습니다. 공자의 시대도 이와 비슷했을 것입니다. 그럼에도 예를 회복하려고 '극기복례克己復禮'를 외친 까닭은 무엇일까요? 예가 무너졌을 때의 비참함을 잘 알기 때문입니다.

저는 부모님과 아이들이 서로 예사말을 주고받는 모습에 신경이 쓰입니다. 부모 자식이 서로 친구처럼 가깝게 지내는 것은 좋지만, 아이들은 부모를 정말 친구라고 착각할 수 있습니다. 아이가 위기에 처했을 때 부모는 보호자가 되고, 아이가 잘못을 저지를 때 부모는 엄한 선생님이 되어야 하는데 친구 관계라면 훈육이 제한될 수밖에 없고 그 피해는 아이에게 돌아갈 것입니다. 예는 추상적인 문제가 아니라 현실과 사회생활과 직결된 문제입니다.

비유하자면 예는 자릿수 계산과 같습니다. 초등학생들이 두 자리나 세 자리의 곱셈을 한다고 생각해보세요. 한 자리씩 곱하는 방법은 구구단을 오래 외웠기 때문에 잘 알지만 두 자리부터는 '자릿수'를 알아야 합니다. 자릿수에 따라 숫자의 역할이 달라지기 때문입니다. 자릿수에 대한 개념이 없으면 이상한 답을 쓸 확률이 높습니다. 모든 자릿수의 개념이 잘 잡혀 있지 않다면 곱하기를 시작하는 순간에 셈은 망가지고 말겠죠.

어린아이에게
예의를 가르치는 방법

어린아이에게 예의를 가르치기에는 너무 이르다고 생각할 수도 있습니다. 그렇다면 몇 살부터 아이에게 예의를 가르쳐야 할까요? 예의를 배울 나이가 중요한 게 아니라 어떤 방식으로 예의를 몸에 배게 하느냐가 중요합니다. 다섯 살 조카에게도 예의를 가르치는 것이 가능했습니다. 조카는 제 아들들과 노는 걸 좋아하고 형들이 하는 것은 무조건 따라하려고 합니다. 만약 형들이 예의를 잘 지킨다면 조카는 그것마저도 따라하려고 할 것입니다. 가정교육이 잘 된 집에 아이를 데리고 자주 놀러 간다면 그것만으로도 상당한 효과를 거둘 수 있습니다.

　자고 일어난 형들이 어른들에게 "안녕히 주무셨어요?" 하고 인사하는 것을 보고, 조카도 얼떨결에 엄마에게 "안녕히 주무셨어요?" 하고 인사하더군요. 다음날은 조카가 인사를 잊어버린 것 같아 제가 먼저 "잘 잤니?" 하고 인사했습니다. 엄마에게 "안녕히 주무셨어요?" 하고 인사하게 했더니 인사를 하더군요. 가장 안 지켜지는 건 '반말' 습관입니다. 조카는 제게는 존댓말을 썼지만 자기 엄마와 아빠에게는 반말을 썼습니다. 아기 때부터 익숙해졌기 때문입니다. 이 경우는 존댓말을 하라는 말로는 고쳐지지 않습니다. "엄마, 밥 다 먹었어"라고 말하면 옆에서 "엄마, 밥 다 먹었어요" 하고 말하며 따라하게 해야 합니다. 아이는 처음에는 어색하게 따라했습니다. 이렇게 첫 발을 내딛는 게 매우 중요하죠. 다음부터는 더 쉬울 테니까요. 밥을 먹을 때도 밥알을 남기지 않고 깨끗해진 밥그릇을 보여주면서 이렇게 먹으라고 했더니 쌀을 한 톨도 남기지 않고 먹었습니다.

　조카에게 가르쳐도 잘 안 되는 점이 있으면 제 아이들을 조교로 내세웁니다. 자기 아이에게 예의를 잘 가르쳐놓으면 주변 아이들에게까지 확산될 수 있으니 좋은 것 같아요. 둘째 아이가 조카에게

"너는 왜 엄마에게 반말하니? 존댓말 써야 하는 거야" 하고 이야기를 하면 제가 말하는 것보다 설득력이 있어요. 이렇게 일주일 정도 지내다 보면 좋은 습관 한두 개 정도가 아이의 몸에 뱁니다. 집에 가거나 유치원에 가면 예의를 배울 기회가 별로 없고 친구들이 대부분 예의를 안 지키기 때문에 조카도 동화될 것입니다. 하지만 다음에 또 만나면 좋은 습관을 또 만들어주고, 이렇게 반복하다가 보면 몸에 완전히 익을 것입니다.

제 주변의 부모님들은 대부분 아이와 친구처럼 반말을 쓰면서 대화하는 걸 아무렇지 않게 생각합니다. 아이들에게는 곧잘 예의를 잘 지키라고 할 수 있지만 어른들에게 말하기는 어렵습니다. 그래서 예의는 어릴 적에 터득해야 하고, 어린이에게 강조해서 가르치는 게 맞는 것 같아요.

♥♥♥ ─────────────

Q : 요즘도 예절교육을 강조하던데요. 우리의 삶과 아이를 키우는 데 예절이 중요한 건가요?

A : 플라타너스 열매 잎사귀를 열면 이듬해 펼쳐질 조그만 이파리가 돋아 있고, 그 안에 또 다음 해의 잎사귀가 돋아 있죠. 이게 바로 예의입니다.

"예는 사생존망(死生存亡)의 기본이다"라는 『춘추좌전』의 말처럼 세상의 모든 생명체들은 나름의 예의를 지키며 상생하고 있습니다.

4

우리 아이가
존재감이 없대요

"선비는 자신을 알아주는 사람을 위해서
목숨을 바친다(士爲知己者死)."

_『사기열전』(사마천, 민음사)

"넌 존재감이
없어"

얼마 전 한 아이의 어머니와 통화하면서 슬펐습니다. 아이가 친구들과 쪽지에 서로에 대한 생각을 적어서 돌리는 일명 '롤링페이퍼' 놀이를 했나 봐요. 그 중 한 아이가 "넌 존재감이 별로 없어"라고 적었는데, 아이 어머니가 그걸 보고 제게 슬픈 목소리로 전하셨습니다. 아이보다 엄마가 더 상처를 받은 것 같았어요. 그 아이는 착해서 남에게 싫은 소리를 할 줄 모릅니다. 부당한 대우를 받아도 화내지 않고 짜증을 낼 줄 몰라서 친구들이 만만하게 보기도 합니다. 하지만 그 아이는 제 기억에 오래 남아 있습니다. 저는 착한 아이가 바보 취급을 받는 현실이 원망스러워요. 저도 살면서 많이 들은 말이 "착하기만 하면 손해만 본다"였습니다. 착한 사람은 이용만 당할 뿐이라는 생각이 상식처럼 되어 있다면 언젠가 이 세상에 착한 사람이 사라지지 않을까요?

저는 중학교 때 착한 것과 비굴한 것 사이에서 몹시 고민했습니다. 한 마을 아이들하고만 공부하던 초등학교 시절과는 달리 여러 마을 아이들이 모인 중학교에는 거칠고 센 척하고, 어른 흉내 내는 아이들이 많았습니다. 혼자서 평화롭게 지낸다는 건 거의 불가능했어요. 한 친구가 저를 유난히 괴롭혀서 주먹다짐 직전까지 갔었지만 참았던 기억이 있습니다. 그때 제 마음을 억누른 게 굴욕감인지 두려움인지 잘 모르겠어요.

불행히 고등학교 때도 저를 괴롭히는 친구가 있었죠. 저는 존재감이 없는 아이였어요. 특히 두 살 차이 나는 작은누나와 같은 중학교에 다닐 때는 누나 친구를 보면 입도 못 뗐고, 고등학교 때도 쑥스러워하기만 했어요. 그래도 웬만한 장난꾸러기 짓은 다 했죠. 존재감이 없어도 존재감에 대한 걱정을 해본 적은 없었어요.

존재감이 없어서 걱정하는 아이에게 이런 말을 해주고 싶어요. 존재감을 알아볼 수 있는 사람은 따로 있다고. "남이 알아주지 못할 것을 걱정하지 말고 내가 알아줄 만한 사람인지 걱정하라"는 말이 괜히 있겠어요?

『논어』에는 자공이 '착한 사람'이 어떤 사람인지 묻는 장면이 나오죠. 마을 사람들이 모두 좋아하는 사람이 착한 사람인지, 마을 사람들이 모두 미워하는 사람이 착한 사람인지. 공자는 "마을 사람 중에서 착한 사람이 좋아하고, 나쁜 사람이 싫어하는 사람이 아닐까?"라고 말하죠. 모든 사람의 인정을 받으려고 하는 순간 '나'의 존재감은 정말로 사라져버릴지 몰라요. 아이들이 자신의 존재감을 인정받기 위해서 억지로 자신을 변화시키는 것을 '상성喪性'이라고 합니다. 본래 타고난 자신의 성품을 잃었다는 뜻이죠. 대학생이 되고 나서 내성적인 제 성격을 고치려고 일부러 쾌활한 척하고 다닌 그때가 저의 상성의 시기였죠.

학창 시절에 저를 괴롭힌 녀석들을 후련하게 공격했더라면 제 인생은 더 나빠졌을 것입니다. 그때 저를 괴롭히던 친구에게 덤비지 않았던 선택은 지금도 옳았다고 생각합니다. 그 시간을 보내고 '착한 마음'을 지켜낸 덕분에 지금은 착한 사람들과 행복하게 지내고 있습니다. 존재감이 없다고 아쉬울 게 무엇이겠습니까? 지금 생각하면 학창 시절 존재감이 없었던 제 모습이 평화롭고 무난했던 것 같습니다.

수많은 영웅, 수많은 생각 들에게 존재감을 부여해준 역사가

그 시비의 판단은 다소 공자와 엇갈리고 있다. 대도를 논함에는 황제와 노자를 앞에 말하고 6경을 뒤로 미루고 있다. 유협(遊俠, 협객)을 기술함에는 벼슬하지 않은 선비를 멸시하고 간웅을 칭찬했

다. 화식貨殖을 논함에는 세리勢利를 숭상하고 빈천을 수치로 여겼
으니 이것이 폐단이었다.

– 반고, 『한서열전』, 「사마천전」

이 말은 『한서漢書』를 편찬한 반고班固가 사마천(司馬遷, BC 145~BC 86)을 논평한 것입니다. 사마천에 대한 비난은 2,000년이나 계속됩니다. 중국이 근대에 들어와 서구 열강의 침략을 받고 경제력의 중요성을 절감하면서 이러한 비난은 사라지기 시작했고 「화식열전」과 「평준서」 같은 경제사상이 주목을 받았습니다. 장구한 유교질서에서 '상업'이라는 분야의 가치를 일찍부터 발견한 사마천. 그리고 그의 열전들.

재밌는 건 70편의 '열전' 중에서 「화식열전」은 서문에 해당하는 「태사공자서」를 제외하면 맨 마지막(69번째)에 배치되었다는 사실입니다. 그만큼 고심했다는 뜻으로 읽힙니다. 「태사공자서」에는 사마천이 왜 「화식열전」을 쓰게 되었는지를 밝히는 대목이 나옵니다. "정치를 방해하지 않고 백성들의 생활에 피해를 주지 않으면서 시기를 놓치지 않고 물건을 사고팔아 재산을 늘린 벼슬 없는 보통 사람들이 있었다"는 게 사마천의 변입니다. 사마천이 밝혀주지 않으면 있었는지도 모를 '보통 사람'들의 이야기로 가득한 『사기열전』! 참 매력적이지 않습니까?

『사기』는 모두 130편으로 구성되었습니다. 이 중에서 독자들이 가장 사랑하는 부분은 '열전'입니다. 『사기열전』만 따로 떼어서 출

간되는 경우도 많죠.

저는 각 편의 말미에 달린 '태사공왈太史公曰' 대목이 참 좋습니다. 역사적 인물과 역사적 사실을 종합적으로 판단해서 솔직하고 과감하게 논평하니 통쾌합니다. 제가 주목하는 것은 사마천의 '주관'입니다. 가장 좋은 글도 주관적인 글이며, 아이들이 쓰기 힘들어하는 글도 주관적인 글입니다. 무색무취하고 건조한 글보다 입장이 분명한 사마천의 글은 힘이 있습니다.

제가 이 글의 부제로 빌려 온 대목은 「자객열전」에 수록된 '예양'이라는 자객이 남긴 말입니다. "여자는 자기를 사랑하는 사람을 위해서 화장을 고친다"(『사기열전』)는 말이 대구로 이어져 있죠. 알아준다는 것은 정말 중요한 일입니다. 저는 『사기열전』을 읽고 별 특징 없는 아이나 속 썩이는 아이일수록 유심히 살펴보는 습관이 생겼습니다. 어떤 아이든 잘하는 게 한 가지는 있는 법입니다. 사마천은 누군가 맑은 눈으로 반드시 나를 평가해줄 것이라는 믿음을 심어주었습니다.

「맹상군 열전」에는 아무리 보잘것없는 사람도 제대로 '발견'만 해주면 큰일을 할 수 있다는 사실이 기록돼 있어요. 전국사공자戰國四公子로 불리는 제나라 맹상군 전문은 식객을 3,000여 명이나 거느리고 다녔습니다. 그중에는 좀도둑과 닭 울음소리를 잘 내는 사람도 있었죠. 다른 빈객들은 그와 같은 자리에 앉은 것을 부끄러워했지만, 맹상군이 진秦나라에서 곤경에 빠졌을 때 구해준 이는 '부끄러운 빈객'들이었습니다. 좀도둑은 궁궐 깊숙한 창고에서 여우 가

죽옷을 구해 진나라 소왕의 첩에게 바침으로써 맹상군의 살 길을 열어주었습니다. 그리고 진나라를 탈출하면서 마지막 관문 함곡관을 지나지 못해 애를 태웠을 때 닭 울음소리를 잘 내는 빈객이 소리를 뽐내자 근처의 닭들이 새벽이 온 줄 알고 일제히 울었죠. 이 두 사람 덕분에 맹상군은 죽음을 면할 수 있었습니다. 사마천은 자신이 기록하지 않았더라면 잊혔을 사람들의 존재감을 찾아주었기 때문에 자기 스스로의 존재감을 인류에 각인시킬 수 있었습니다. 존재감은 누가 나를 알아줄 때 생기는 것이 아니라, 내가 다른 사람의 존재감을 발견해줄 때 같이 빛나는 촛불 같은 거죠.

기억해야 할
존재를 기록하는 일

아이들은 한 명 한 명이 특별합니다. 어느 누구도 무시할 수 없습니다. 다만 어른들의 기준이나 아이의 성적 같은 좁은 틀로 바라보기 시작하면 소중한 아이들의 재능과 자질이 묻혀버립니다. 많은 부모들은 자기 아이가 남들만큼만 했으면, 하고 바랍니다. 학교 성적도 남들만큼만 했으면 좋겠고, 한글 떼기와 구구단도 남들 정도만 했으면 좋겠다고 생각합니다. 그것은 내 아이의 '특별함'을 사라지게 하는 주문입니다.

사마천은 기억해야 할 '존재'를 기록했습니다. 「유협열전」은 건달에 관한 이야기죠. 관군官軍들에게 툭하면 진압당하고 학살당하지만 잡초처럼 살아나 서로 지켜주는 공동체의 이야기입니다. 사마천이 당시의 '상식'에만 관심을 가졌다면 우리 역사의 귀중한 자료인「조선열전」도 없었을 것입니다.

저는『사기열전』을 읽으면서 사마천이 역사 인물에게 어떻게 다가갔을까 상상합니다. 때로는 문헌을 통해서, 때로는 현장 취재를 통해서 인물에게 다가갔습니다. 문헌자료가 부족한 경우에는 모든 상상력을 동원해 드라마처럼 재구성하는 방법도 썼습니다. 하지만 소설을 쓴 것이 아니라 정황 근거를 토대로 논리적으로 유추해 재구성했습니다. 사마천이 열전 인물들에게 다가가는 방법을 부모가 아이에게 쓸 수 있다면 아이의 존재감은 더욱 분명해질 것입니다.

♥♥♥ ────────────────────

Q : 아이의 존재감을 키워주고 싶은데 좋은 방법이 있나요?

A : 엄마가 열 달을 아파서 존재를 낳듯, 세상의 가치 있고 소중한 것들은 저마다 아픔의 과정을 거치면서 태어납니다. 아픔이 많은 아이들은 낳을 게 많아요. 사마천은 고난을 딛고 위대한 업적을 남긴 사람들, 주나라 문왕, 공자, 굴원, 좌구명, 손자, 여불위, 한비를 평가하며 "이런 사람들은 모두 마음속에 울분이 맺혀 있는데, 그것을 발산시킬 수 없기 때문에 지나간 일을 서술하여 앞으로 다가올 일을 생각한 것이다"라고 썼습니다. 아이의 아픈 경험은 존재감의 씨앗입니다.

5
사교육 때문에 아내와
다투는 일이 잦아요

"누가 어린아이를 진정한 이름으로 부를 수 있을까?"

_『파우스트』(요한 볼프강 폰 괴테, 문학동네)

사교육 문제로 본
부부 갈등

저는 직장 생활을 대치동에서 시작했습니다. 나름 규모 있는 회사여서 논술 · 구술 · 입시컨설팅 · 입시 관련 출판 일까지 하며 사교육 전반을 들여다볼 수 있었습니다. 최근 몇 년은 대기업 프랜차이즈 공부방까지 운영하면서 사교육에 이골이 났죠. 초등학생들은 영어나 피아노 등 각종 학원에 다니느라 바쁩니다. 맞벌이 부모님의 스케줄에 맞춰야 하니까요. 아이들이 학원 스케줄을 다 소화하면 부모님 퇴근시간과 얼추 맞습니다. 그것을 "학원 돌린다"라고 표현하죠.

사교육 문제로 부부가 싸우는 경우를 종종 봅니다. 교육 문제는 남편이 아내에게 일임하는 편이지만, 과목이 많아지면 그만큼 지출해야 할 돈도 커지니 자연스레 부부싸움으로 번지기 쉽죠. 어린 애잡을 일 있느냐, 학원비가 왜 이리 비싼 거냐 등등 다투는 주제는 일정하지만 사교육이 부부 싸움의 근본 원인은 아닙니다. 사교육 문제가 눈앞에 있을 뿐이죠. 아이 교육 문제에 대한 모든 결정을 아이 엄마가 하면 싸움이 되고, 아이 교육에 평소 무관심하던 아빠가 학원비 낼 때만 딴지를 걸면 싸움이 되죠.

어느 날 한 아버지가 "아이를 공부방에 그만 보내겠다"고 통보했습니다. 이유를 물었더니 아이가 새벽에 스마트폰 게임을 하다가 들켰기 때문이라고 했습니다. 아이의 스마트폰 사용 문제를 지속적으로 관리하며 사용 가능한 요일도 스스로 정하고 지키려고 노력하던 상황이어서 안타까웠습니다. 아이와 어머니가 이 상황을 극복하려 서로 공조하던 터에 아버지가 갑자기 나타나 대화를 끊어버린 것입니다. 알고 보니 스마트폰 문제는 명분에 불과했습니다. 평소 아버지는 아이 교육에 관심이 없었고, 형편이 어려워지면서 학원을 더 보낼 여유가 없어진 것입니다. 그 과정에서 아이 엄마와 아빠의 관계는 더욱 악화되었죠.

'사교육 문제'는 소재일 뿐 갈등의 몸통은 '대화 부족'입니다. 대화 부족의 원인은 여러 가지가 있습니다. 아빠가 아이를 돌볼 시간이 부족하거나, 엄마가 일방적으로 밀어붙이면서 대화 자체가 안 될 수도 있습니다. 아빠는 교육에 관심을 꺼야 한다는 사회적 편견이 작용하거나, 아빠 스스로가 교육 문제에 대해 위축되는 경우도 있습니다. 하지만 근본적인 문제는 부부 간의 신뢰가 형성되지 않았다는 점입니다. 위태롭거나 일방적인 부부 관계에서는 아이의 교육이 자주 문제시되고, 사교육에 대한 갈등으로 표면화되기도 합니다.

네가 진짜로
원하는 게 뭐야

『파우스트』는 악마와 계약을 맺는 독일 전설 속 인물의 이야기입니다. 파우스투스(Faustus)는 "경사로운", "행운의"라는 뜻의 라틴어죠. 짧지 않은 이 책을 단숨에 읽다 보면, 파우스트 박사와 함께 울고 웃으며 메피스토펠레스에게서 도망치기 위해 숨 가쁜 추격전을 벌인 기분이 듭니다. 책을 다 읽었을 때는 장거리 달리기 시합을 한 것처럼 기진맥진했던 기억이 납니다.

지식과 학문에 절망한 노老학자 파우스트는 악마 메피스토펠레스의 유혹에 빠져 현세의 쾌락을 좇으며 방황하다가 마침내 자신의 과오를 깨닫고 천상의 구원을 받습니다. 메피스토펠레스가 파우스트를 유혹했던 수단은 여자와 술, 그 밖의 세속적인 쾌락 등이었습니다. 그래서 그런지 소설 작품 속에서는 '진짜'와 '가짜'에 대한 이야기가 많습니다.

"학생들이여, 세속의 병든 가슴을 붉은 아침 햇빛 속에 끊임없이 씻어내도록 하라!"

"여보게, 이론이란 모두 회색빛이고, 푸르른 것은 오직 인생의 황금나무뿐이네."

– 『파우스트』

메피스토펠레스는 순진한 영혼을 구워삶아 채가는 노회한 악마지만 밉지가 않습니다. 선악 구도, 천사와 악마 구도로 도식화할 수 없는 인물일 뿐 아니라 '뜻밖의 진실'로 인도하기 때문입니다. 메피스토펠레스를 보고 있으면 악마도 하느님의 위대한 계획 속에 있을 것 같다는 상상을 하게 됩니다. 특히 인간의 양면성에 대한 그의 날카로운 독설을 듣고 있으면 모골이 서늘해질 정도입니다. 인간에 대한 날카로운 비판만 모아보았습니다.

사람들은 우연히 가까워져서 사랑을 느끼어 머물게 되고, 점차로 깊어져 한데 얽힌 인연을 맺으니, 행복이 자라나나 했더니 다음에는 싸움질이라.

황홀해하는가 했더니 곧바로 괴로움이 닥쳐오며, 눈 깜짝할 사이에 벌써 소설을 한 권 엮어내지요.

인간은 그걸 이성이라 부르며, 어떤 짐승보다 더 동물적으로 살아가는 데만 쓰고 있지요.

인간들이란 다리가 긴 여치와 같다는 생각이외다. 언제나 나는 듯하다가는 팔딱팔딱 뛰어가서는 곧 풀 속에 처박혀 케케묵은 옛 노래나 불러대지요. 풀 속에라도 그냥 가만히 앉아 있으면 좋으련만!

– 『파우스트』

파우스트와 메피스토펠레스는 잘 어울리는 한 쌍입니다. 파우스트는 모든 학문을 섭렵했지만 진리를 파악하지 못해 우울증에 빠져 있었고, 메피스토펠레스는 지상의 인간들이 못마땅하지만 둘 다 인간에 대한 깊은 애정을 가지고 있습니다. 젊음과 사랑, 그리고 아름다운 여인만큼 달콤한 유혹은 없겠죠? 메피스토펠레스는 인간이 도저히 이겨낼 수 없는 유혹으로 '주님의 종'인 파우스트를 굴복시키려고 하죠. 메피스토펠레스가 건넨 마법의 외투를 입고 도착한 미지의 나라가 결국 허상이라는 걸 알아챈 파우스트를 기다리는 건 먼 눈과 늙어버린 몸뚱이뿐이었습니다. 하지만 날마다 싸워서 얻는 자유와 생명만이 값지다는 삶의 지혜를 얻으며 쓰러집니다.

『파우스트』를 읽으면서 아리스토텔레스가 제시한 '좋은 삶'을 생각했습니다. 괴테는 좋은 삶을 방해하는 유혹과 편견을 메피스토펠레스를 통해서 꼬집었습니다. 이로써 좋은 삶에 대한 생각이 더욱 견고해질 수 있었습니다. 남들 다 보내니까 학원 보내고, 캠프 보내고, 비싼 장난감 사주고, 남의 훈수를 들으면서 육아하는 것보다는 아이와 대화를 더 나누며 원하는 것을 해주고 조금씩 양보한다면 메피스토펠레스의 조롱을 듣지 않아도 될 것입니다.

공부방을 하면서 '공부'에 대해 많이 고민했습니다. 공부를 진지하게 생각하지 않고 유행처럼 생각하는 가족들이 꽤 많다는 걸 알았습니다. 공부를 할 때의 즐거움도 없고, 새로운 것을 알아가는 신기함도 없고, 공부가 쌓이면 으레 몸에 배는 몸가짐도 없었습니다. 아이가 공부한다는 게 무엇인지 고민하며 여러 개의 질문을 만들어봤어요.

"엄마와 아빠가 서로 친근한 정도를 0~100 사이의 숫자로 표시하면 어느 정도입니까?", "아빠의 집안일, 육아 참여를 0~100 사이의 숫자로 표시하면 어느 정도입니까?" 등 아이의 공부와 밀접한 관련이 있는 질문을 접한 부모님들은 공부에 대해서 다시 생각하는 계기가 되었다고 말씀하셨습니다. 특히 한 남매를 키우는 부모님이 기억에 남습니다. 공부 환경에 관한 문항들을 가지고 진지한 대화를 나누다 보니, 남동생의 상황이 좋지 않다는 걸 알았습니다. 학습 효율은 적은데 학습량은 무척 많아서 학습 동기가 계속 떨어지고 있었죠. 상담이 끝나고 며칠 후 남매 엄마에게 문자가 왔습니다. 많은 변화가 있었노라고. 하루 2시간 배우는 영어학원을 중단했고, 남자아이가 좋아하는 축구를 시켰다고 했습니다. 이 결정을 내리는 동안 엄마와 아빠가 얼마나 많은 대화를 나누었을까 상상하며 기분이 좋았습니다. 아이가 진짜로 원하는 것과 해야 할 공부 사이에 균형을 이루고, 부모가 원하는 일상의 환경을 만들려면 진지하게 돌아보고 결단하는 노력이 필요합니다.

사교육을 지혜롭게
이용하는 방법

이번엔 좀 다른 관점에서 사교육 문제를 살펴보겠습니다. 자기계발서와 사교육, 그리고 육아서의 공통점은 '감정이입'을 강요한다는 점입니다. 우리의 감정은 맑고 순수하기에 함부로 이입을 해서는 안 됩니다. 이성의 필터로 걸러야 합니다. 사교육은 그 분야를 가리지 않고 비슷한 설득 패턴이 있습니다. 불안함과 두려움을 조장하고 함께 걱정해주며 해결책을 제시한 후 결제를 요구하죠. 없는 불안이라도 만들어야 하는 게 사교육 업체 대부분의 숙명입니다. 문제는 이런 감정들이 순수하게 생기는 게 아니라 조장된다는 점입니다. 특히 '소비'와 관련해서 우리들은 인위적으로 감정을 강요당하는 경우가 많습니다. 그중에서 순수한 자기감정은 얼마나 될까요?

솔직히 말하건대, 여러 가지 상념에 빠져 있는 놈이란
악령에 이끌려 메마른 황야 위를
빙빙 헤매고 있는 짐승들과 같은 꼴이지요.
그런데 그 주위에는 멋지고 푸른 풀밭이 널려 있단 말이외다.

– 『파우스트』

사교육이 만들어놓은 불안의 구름은 상상을 초월합니다. 그 '불안들'이 사실상 사교육 업체를 먹여 살리고 있죠. 사교육에 가족이 포위당하지 않으려면 서로를 잘 알아줘야 하고 견고한 신뢰가 형성돼 있어야 합니다. 우리나라의 사교육이야말로 『파우스트』에 나오는 악마 메피스토펠레스에 비유될 수 있을 정도로 강력합니다. 사교육이 조장하는 건 어디까지나 '만들어진 불안'이라는 사실을 잊어서는 안 됩니다.

　메피스토펠레스와 파우스트 박사가 애초에 맺은 계약은 "멈추어라, 너 정말 아름답구나!"라는 말을 하는 순간 박사의 영혼을 악마가 가져간다는 것입니다. 파우스트 박사는 목숨을 걸고 이 말을 해야 하죠. 파우스트 박사의 영혼을 가지려는 메피스토펠레스도 절박하지만, 목숨 건 동행을 한 파우스트 박사의 절박한 심정에 비할 바는 못 됩니다. 자신이 학문에서 찾지 못한 답을 찾으려는 열망을 안고 있죠. 저는 바로 파우스트 박사의 방법이 정답이라고 생각합니다. 이 땅의 사교육 관계자들을 메피스토펠레스에 비유한 것은 큰 실례지만, 부모들이 파우스트 박사를 본받아 사교육 업체에 끌려가지 않는 선택을 했으면 좋겠습니다. 가족의 이익과 사교육 업체의 이익은 같지 않습니다. 가족이 사교육 업체에게 많이 의존하면, 오히려 가족의 이익이 사교육 업체의 이익에 희생당하는 일이 일어납니다. 실제로 이런 일은 자주 일어납니다. 자신이 진짜로 원하는 삶을 찾는다는 것은 때로는 위험하면서도 깊이 고민해보아야 할 일입니다.

Q : 사교육에 끌려 다니지 않으려면 어떻게 해야 하나요?

A : 파우스트 박사가 "벌써 십여 년이란 세월 동안 / 위로 아래로, 이리저리로/ 내 학생들의 코를 잡아끌고 다녔을 뿐"이라고 비탄했듯, 사교육에 끌려 다니면 십 년 넘는 세월을 낭비할 수 있습니다.

배움의 즐거움을 쌓을 수만 있다면 사교육에 의존하지 않는 것도 가능합니다. 사교육은 체계입니다. 배워야 할 수많은 시간 속으로 나를 밀어 넣는 거죠. 정말 필요한 부분과 부족한 부분만 채우는 것에 머물러야 합니다.

6

아이가
절도를 했어요

"훔치다 들키면 톡톡히 매질을 당하는데
조심성이 없고 기술이 부족한 도둑이라는 이유에서다."
『플루타르코스 영웅전』(플루타르코스, 휴먼앤북스)

도벽하는
아이들의 마음

도벽 때문에 걱정하는 부모를 여럿 보았습니다. 부모들의 반응은 '충격'입니다. 아이가 이제까지 한 번도 그런 적이 없었는데 범죄를 저질렀다는 생각 때문입니다. 저는 물건을 훔친 아이들을 오랫동안 관찰할 기회가 있었고 부모의 반응을 가까이서 볼 수 있었습니다. 부모의 반응에는 '도덕적 기준'이라는 공통점이 있었습니다. 한 친구는 심심해서 물건을 훔쳤는데 훔치다 보니 흥미로워서 두어 번 더 훔쳤다고 말했습니다. 한 친구는 본인이 직접 훔치지는 않고 훔치는 걸 도왔습니다. '방조죄'라고나 할까요? 부모들에게 아이가 물건을 훔치는 행동은 해서는 안 될 범죄입니다. 물건을 훔치는 아이는 함께 놀아서는 안 되는 아이입니다.

저도 어릴 적에 도벽이 있었습니다. 엄마가 돈을 놓는 곳은 옷장 서랍 안쪽이거나 부엌의 수납함 안쪽의 지갑이었고, 아빠가 돈을 놓는 곳은 옷장에 있는 갈색 체크무늬 양복 안주머니였습니다. 우리 집에 세 들어 사는 형제의 엄마가 지갑을 놓는 곳은 액자 뒤였습니다. 형제 엄마의 돈을 훔친 행동은 지금 생각해도 몹시 부끄럽습니다. 저는 그 아이가 혼나는 소리를 들었습니다. 아이가 울면서 저를 공범으로 지목했을 때 아이 엄마는 말이 없었습니다. 세입자였기 때문에 갑을관계도 작용했을 거라고 생각합니다. 그 마음이 얼마나 서러웠을까요.

저는 조용한 아이였지만 마음속 욕구불만은 컸습니다. 도벽은 한 친구를 만나며 문구점 절도로까지 이어졌습니다. 저는 망을 보는 임무를 맡았습니다. 훔친 동전을 다 모으니 1만 원이 채 되지 않았지만, 저희는 전자오락실에 가서 종일 게임을 즐겼습니다. 하지만 그 친구의 '긴 꼬리' 때문에 범행 사실이 발각되었습니다. 다른 곳을 털다가 들켰기 때문입니다.

경험으로 말씀드리자면 '도벽'은 부모님이 생각한 것보다 훨씬 복잡한 문제입니다. 『빨간 매미』(후쿠다 이와오)나 『들키고 싶은 비밀』(황선미)처럼 '도벽'을 소재로 한 문학작품들을 보면 내 아이만 그러는 게 아니라 어느 정도 널리 퍼진 현상입니다. 도벽은 '외로움'입니다. 도벽에 관한 어른의 질문 중에서 가장 공감 가는 것을 하나 소개합니다.

"너는 엄마한테 뭘 훔치고 싶었을까?"

- 『들키고 싶은 비밀』

이 말이 제가 들었던 말 중에서 가장 공감 가는 까닭은 훔친 행위의 결과가 아니라 '원인'을 이야기했기 때문입니다. 제가 어른들에게 접한 반응은 모두 '훔친 결과'에 대한 반응이었거든요. 저 스스로도 '왜 부모님 돈을 훔쳤을까?' 오랫동안 되돌아보니 외로움이었던 것 같습니다. 돈을 훔치면 오락실 가서 친구들과 신나게 오락을 할 수 있었습니다. 외롭지 않을 수 있었죠.

부모들은 아이가 물건을 훔치면 깜짝 놀라 추궁하기에 급급합니다. 그건 '꼬리 자르기'밖에 안 됩니다. 제가 그랬거든요. 엄마가 그 사실을 알았을 때 맞고 혼나면서 다신 안 그러겠다고 눈물을 뚝뚝 흘렸지만 저는 또 같은 행위를 반복했습니다.

심리치료사 스캇 펙의 『거짓의 사람들』은 인간의 악을 심리학적으로 추적한 작품입니다. 거기에는 자동차 절도를 하다가 경찰에 붙잡혀 스캇 펙 박사의 상담실로 오게 된 아이의 이야기가 나오죠. 그 아이는 "천재지변으로 집과 가족을 잃어 집단 대피소에 있는 사람들에게서만 볼 수 있는 얼굴"을 하고 있었다고 합니다. 아이와 부모를 상담한 결과 충격적인 사실을 알았습니다. 아이의 형이 22구경 소총으로 자살했는데, 아버지가 크리스마스 선물로 죽은 형의 총을 선물해준 겁니다. 아이의 아버지는 공구 제작을 하는 블루칼라 노동자였고, 어머니는 보험 회사의 비서인 자부심 높은 중산층 가정이었습니다. 스캇 펙 박사에 의하면 아이는 형처럼 자살하지 않기 위해서 몸부림쳤고 그 과정에서 자동차 절도 범죄를 저지르게 되었다고 합니다. 이렇게 물건을 훔친 원인으로 관심을 돌린다면 이제까지 몰랐던 아이의 마음속으로 들어갈 수 있습니다.

훔치고 빼앗고
속여 왔던 인류

『플루타르코스 영웅전』의 구성은 위대한 그리스 사람 한 명과 위대한 로마 사람 한 명의 생애를 서술하고 업적을 비교하는 방식입니다. 그래서 '비교열전'이라고도 부릅니다. 22쌍, 44명의 생애와 독립적인 네 명의 생애를 기록했습니다.

『플루타르코스 영웅전』에서 일관되게 나타나는 주제는 슬픔과 고통, 그리고 좌절입니다. 작품에 등장하는 인물들은 패배를 겪고 배신을 당합니다. 화려한 영웅담이라 생각하며 책을 펼쳐보고 나서 그들이 처연한 운명에 가슴이 먹먹했던 기억이 납니다. 저는 아이를 키워서 그런지 아빠들의 슬픔에 유독 눈길이 가더라고요. 아들이 죽었다는 거짓 소식을 듣고 제 머리를 때리며 슬퍼하는 솔론 이야기, 왕정복고 반란에 앞장서 로마 공화국을 위협한 두 아들을 직접 신문하고 형리들에게 넘겨 처형당하는 모든 광경을 의연하게 지켜본 아버지 브루투스 이야기. 그 가늠할 수 없는 고통의 크기에 때로는 정신이 아찔했습니다.

『플루타르코스 영웅전』에는 문명 초기의 약탈 문화가 드라마틱하게 소개됩니다. 인류가 탄생하고 부족을 형성한 이래 살인과 약탈 등의 행위는 역사와 떼려야 뗄 수 없기 때문입니다. 로마는 죄수와 부랑자를 데리고 만든 도시이기 때문에 아무도 관심을 갖지 않았죠. 로마 사람들은 모두 결혼을 못할 처지에 놓였습니다. 이때 로물루스가 생각해낸 계책은 '신부 약탈'이었습니다. 땅 속에 숨겨진 신의 제단을 발견했다고 소문낸 후 거대한 제사와 축제를 지내기로 했습니다. 이웃 도시 사비니의 처녀들이 걸려들었죠. 이때의 약탈 덕분에 로마는 도약할 수 있었죠. 결혼식을 할 때 신부가 스스로 신랑 집의 문턱을 넘어서지 않고, 신랑에게 안겨서 들어가는 풍습은 사비니 여성들이 강제로 붙잡혀간 것을 기억하기 위해 만들어진 것입니다.

스파르타에서는 물건 훔치기가 은근히 권장되기도 합니다. 스파르타의 전설적인 입법자 리쿠르고스는 소년이 열두 살이 지나면 속옷도 입히지 않고 외투 한 벌로 1년을 보내게 했습니다. 강인하게 키우기 위해서죠. 아이들은 공동생활을 했고 각 반마다 대장을 뽑았습니다. 식량을 부족하게 지급했기 때문에 아이들은 남의 채소밭이나 어른들의 식당에 몰래 들어가서 식량을 훔치는 일이 잦았습니다. 그러다 걸리면 지체 없이 매를 맞았죠. 매를 맞는 까닭은 훔쳤기 때문이 아니라 '서투르게' 훔쳤기 때문입니다. 영양 과

다에 노출되지 않은 스파르타의 아이들은 신체가 아름답게 균형 잡혀 있었고 유연하고 날렵했습니다. 플루타르코스는 스파르타의 아이들은 스스로도 도둑질하는 데 너무나도 열심이었다고 기록하고 있습니다.

저는 영웅전 중에서도 「리쿠르고스」 편을 무척 좋아합니다. 정치와 교육, 법률을 한 생명으로 다룬 철학을 리쿠르고스에게서 처음 보았기 때문입니다. 리쿠르고스는 위대한 철학자 플라톤의 역할 모델이기도 합니다. 풍습을 만들고 유지하는 게 왜 중요하며, 사소한 행동에 담겨 있는 가치와 실천이 국가의 정치보다 더 중요할 수 있다는 사실. 스파르타에서는 성문법이 없었습니다. 그 이유를 직접 들어보시죠.

리쿠르고스는 자신이 제정한 그 어느 법도 글로 남기지 않았다. 일명 '레트라'가 이를 금지하고 있었기 때문이다. 리쿠르고스는, 도시의 번영과 도덕성을 유도해내는 가장 중요하고 구속력이 있는 원칙들이 시민의 생활습관과 훈련과정에 뿌리박혀 있다면, 교육을 통해 젊은이들에게 전달되는 뚜렷한 목적 속에 변함없고 확고하게 자리 잡아 강요라는 속박 없이도 각각의 시민들 안에서 입법자의 역할을 하게 된다고 생각했다.

- 『플루타르코스 영웅전』

아이들이 훔치는 것에
조금은 관대해질 필요가 있다

스파르타에는 신라의 '화랑도'를 떠올리게 하는 청소년 조직이 있었습니다. 훌륭하고 성실한 젊은이를 엄선해서 몇 개의 반으로 나누고 각 반의 대장을 임명했습니다. 이를 '이렌'이라고 불렀죠. 이렌 중에서 가장 연장자를 '멜이렌'이라고 하며, 각 팀은 '지도교사' 같은 선생님이 든든히 돌봐줍니다. 소년들에게 허용되는 식사는 매우 소량이었습니다. 그것은 "굶주림과 싸움을 스스로 버텨낼 수 있도록 하고 배짱과 꾀를 부리도록 강제하기 위함"이죠.

저는 부모들이 아이가 훔치는 행위에 대해서 매우 엄격한 도덕적 잣대를 적용하는 것 같아 아쉽습니다. 역사서를 펼쳐보면 어디서든 절도와 약탈, 살인이 나옵니다. 우리의 문명은 이런 행위의 토대 위에 세워진 것이라고 해도 과언이 아니죠. 축구나 야구 같은 인기 스포츠를 자세히 보면 속이고 빼앗고 훔치는 것투성입니다. 스포츠는 원시에 인류가 했던 투쟁을 문명화시킨 놀이죠. 사람의 인생을 인류에 비유한다면 어린 시절은 문명 초기라고 할 수 있습니다. 훔치고, 때리고, 저항하는 건 자연스럽고 건강한 행동입니다. 도덕과 규칙은 어느 정도 관념이 형성된 후에 강조해도 늦지 않습니다.

자녀가 물건을 훔치면 크게 놀라 취할 수 있는 모든 조치를 취하는 부모들에게 우선 놀란 가슴을 진정시키라고 말하고 싶습니다. 어릴 적에 물건을 훔쳐본 적도 없고, 물건 훔치는 것에 대해서 단 한 번도 생각해본 적이 없는 부모라면 더더욱 크게 놀랄지도 모릅니다. 물건을 훔친 아이가 다 나쁘게 된다면 저는 지금쯤 절도죄로 감옥에 들어가 있겠죠. 이렇게 글을 쓰고 있지도 못할 것입니다.

요컨대 아이가 물건을 훔쳤을 때는 먼저 훔친 결과보다는 훔친 원인에 주목해야 합니다. 두 번째, 훔친 행동을 죄악시하기보다는 아이와 자연스럽게 대화하면서 훔치는 행위 자체에 대해서 호기심을 갖고 접근하는 게 좋습니다. 어쩌면 이제까지 알 수 없었던 아이의 모습을 알 수 있을지 모르니까요. 마지막으로 훔친 행동 자체가 아이에게 큰 형벌이기 때문에 더 이상의 체벌이나 훈계는 오히려 악영향을 줄 수 있습니다. 훔친 행위가 잘못되고 부끄러운 행동이라면 그건 본인이 도달해야 할 결론입니다. 부모가 강요했다고 해도 아이가 마음으로 동의하지 않는다면 헛수고입니다. 저는 마음의 불안이 없어지고, 부모에 대한 원망이 사라지고, 외로움이 누그러질 즈음 도벽 습관이 자연스럽게 사라졌습니다.

♥♥♥ ───────────────────

Q : 아이가 물건을 훔친 일을 긍정적으로도 생각할 수 있을까요?

A : 까치가 감을 쪼아 먹고, 참새가 귤을 파먹는다고 벌을 줄 수 있을까요? 감귤 주인은 열매 몇 알 정도는 으레 떨어질 것으로 생각합니다. 아이가 훔친 물건은 마음속에 씨를 맺어서 자라납니다. 이것 역시 생명입니다. 자꾸 야단치고 탓하기만 하면 진짜 도둑이 되죠.

로마의 남자들이 사비니 여인들을 훔쳐간 것은 "방탕해서도, 악의를 품어서도 아니며 다만 두 민족을 굳은 인연으로 맺어 화합하게 하고 결속시키기 위한 확고한 목적" 때문입니다. 훔친 일을 도덕적으로 단죄하지만 말고 좋은 교훈이 될 수 있도록 폭넓은 시각으로 살펴봐주세요.

1장

에이브러햄 H. 매슬로,『인간 욕구를 경영하라』, 리더스북(2011)

도스또옙스끼,『까라마조프 씨네 형제들』, 열린책들(2009)

최진석 옮김,『노자의 목소리로 듣는 도덕경』, 소나무(2001)

로스 D.파크 외,『나쁜 아빠』, 이학사(2010)

존 가트먼,『내 아이를 위한 사랑의 기술』, 한국경제신문(2007)

임동석 옮김,『안자춘추』, 동문선(1998)

백석,『백석 정본 시집』, 문학동네(2007)

송준,『시인 백석1』, 흰당나귀(2012)

G.D.H. 콜(홍기빈 옮김),『로버트 오언』, 칼폴라니사회경제연구소협동조합(KPIA)(2017)

한비(이운구 옮김),『한비자1, 2』, 한길사(2002)

다니얼 카너먼,『생각에 관한 생각』, 김영사(2012)

2장

윌리엄 셰익스피어,『리어 왕』, 민음사(2005)

베네딕트 데 스피노자,『에티카』, 서광사(2007)

호사다 다카시,『아이의 뇌 부모가 결정한다』, KD Books(2010)

에이브러햄 H. 매슬로,『존재의 심리학』, 문예출판사(2005)

샤우나 샤피로, 크리스 화이트, 『마음으로 훈육하라』, 길벗(2015)

앙투안 드 생텍쥐페리, 『어린 왕자』, 열린책들(2015)

조지 오웰, 『나는 왜 쓰는가』, 한겨레출판(2010)

채송화, 『엄마는 딱 알아』, 애플비(2011)

3장

오승은, 『서유기1~10』, 문학과지성사(2003)

조지프 콘래드, 『암흑의 핵심』, 민음사(1998)

상진아, 『행복한 놀이대화』, 랜덤하우스코리아(2011)

요한 볼프강 폰 괴테, 『젊은 베르테르의 슬픔』, 문학동네(2010)

J.M. 바스콘셀로스, 『나의 라임오렌지나무』, 동녘(2003)

윌리엄 골딩, 『파리대왕』, 민음사(2002)

4장

마르셀 모스, 『증여론』, 한길사(2002)

허버트 마셜 맥루헌, 『미디어의 이해』, 커뮤니케이션북스(2011)

존 메디나, 『내 아이를 위한 두뇌코칭』, 한국경제신문(2012)

손무(김원중 옮김), 『손자병법』, 글항아리(2011)

블레즈 파스칼, 『팡세』, 서울대학교출판문화원(2015)

남회근, 『주역계사 강의』, 부키(2011)

5장

하퍼 리, 『앵무새 죽이기』, 열린책들(2015)

박지리, 『맨홀』, 사계절(2012)

이보영, 『안녕?! 오케스트라』, 이담북스(2015)

아리스토텔레스, 『니코마코스 윤리학』, 길(2011)

아리스토텔레스, 『정치학』 도서출판 숲(2009)

좌구명, 『춘추좌전1~3』, 한길사(2006)

사마천(김원중 옮김), 『사기열전1,2』, 민음사(2015)

반고, 『한서열전』, 범우사(1997)

요한 볼프강 폰 괴테, 『파우스트』, 문학동네(2010)

플루타르코스, 『플루타르코스 영웅전』, 휴먼앤북스(2010)

후쿠다 이와오, 『빨간 매미』, 책읽는곰(2008)

황선미, 『들키고 싶은 비밀』, 창비(2001)

스캇 펙, 『거짓의 사람들』, 비전과리더십(2007)

인문 고전으로 하는
아빠의 아이 공부

1쇄 발행 2017년 11월 30일 **2쇄 발행** 2017년 12월 15일

지은이 오승주
펴낸곳 글라이더 **펴낸이** 박정화
편집 정안나 **디자인** 디자인뷰 **마케팅** 임호

등록 2012년 3월 28일 (제2012-000066호)
주소 경기도 고양시 덕양구 은빛로 43 (은하수빌딩 8층 801호)
전화 070) 4685-5799 **팩스** 0303) 0949-5799 **전자우편** gliderbooks@hanmail.net
블로그 http://gliderbook.blog.me/
ISBN 979-11-86510-49-0 13590

책값은 뒤표지에 있습니다.
잘못된 책은 바꾸어 드립니다.

이 도서의 국립중앙도서관 출판예정도서목록(CIP)은 서지정보유통지원시스템 홈페이지
(http://seoji.nl.go.kr)와 국가자료공동목록시스템(http://www.nl.go.kr/kolisnet)에서 이용
하실 수 있습니다. (CIP제어번호: CIP2017029920)